人物形象设计专业教学丛书

化妆设计与实训

熊雯婧　主编
李雯莉　宋钰琼　副主编

化学工业出版社
·北京·

本书分成三个大的部分来介绍——基础、实训与欣赏，从化妆工具的选择认识到化妆品品牌的认知，从脸部结构理论学习到如何化妆修饰面部五官各部分，从基础妆容学习到新娘、晚宴、创意整体化妆造型设计，都有具体的步骤与图片欣赏。

读者可以完全没有化妆基础知识，从零学起，进而到后续的主题式实训项目，通过各实训项目的实图操作展示，以得到化妆学习参考。

本书适合高职高专人物形象设计及相关专业师生作为教材使用，也可供美容、美发、化妆品行业人员，从事人物形象设计工作的人员及业余爱好者阅读参考，还可作为普通高校所有专业学生的选修读本。

图书在版编目（CIP）数据

化妆设计与实训／熊雯婧主编．—北京：化学工业出版社，2013.6（2024.7重印）
人物形象设计专业教学丛书
ISBN 978-7-122-16969-3

Ⅰ.①化… Ⅱ.①熊… Ⅲ.①化妆-造型设计-高等学校-教材 Ⅳ.①TS974.1

中国版本图书馆CIP数据核字（2013）第074383号

责任编辑：李彦玲　　　　　　　　装帧设计：王晓宇
责任校对：吴　静

出版发行：化学工业出版社（北京市东城区青年湖南街13号　邮政编码100011）
印　　装：天津裕同印刷有限公司
787mm×1092mm　1/16　印张8　字数211千字　2024年7月北京第1版第9次印刷

购书咨询：010-64518888　　售后服务：010-64518899
网　　址：http://www.cip.com.cn
凡购买本书，如有缺损质量问题，本社销售中心负责调换。

定　　价：38.00元　　　　　　　　　　　　　　　　　版权所有　违者必究

前/言
Foreword

　　人物形象设计专业在众多高职艺术设计专业中算是规模小、技能性强、发展迅速的一个专业，学生就业面对相关行业市场来说，主要吸纳化妆、美容两个方面的人才。而从社会历史发展过程分析：人类对自身形象的美化，最早出现的是"化妆"，人们通过在人体上描绘、涂抹各种颜色及图案来达到一种特殊的视觉美感或其他的目的。随后，"服饰""美发""美容（主要是指护理保养）""美甲"等逐渐加入进来，使得与美化人体形象相关的社会职业分工越来越细化。

　　目前，社会短期培训机构大多数以培训技能为主，对行业管理及综合美学知识缺少系统的培训科目，而学历教育又与市场脱离。因此，人物形象设计行业缺乏高素质技能型人才已成燃眉之急。以此为出发点，我们进行了本教材的编写。注重理论与实践相结合，技能与行业标准相结合，尽可能完成一本确实适应高职人物形象设计专业化妆基础课程的教材，希望本教材能让教师们得到参考，学生课余也能自学，实现一书多用的目的。本书是形象设计领域里化妆方面的基础教材，我们非常希望它能帮助到有需要的人士。

　　本书是一本校企合作的教材，非常感谢湖北省美容美发协会会长肖青山先生的鼎立支持，使本书具有了国际标准化的化妆评定标准。也非常感谢湖北蒙妮坦职业培训学校的化妆教学团队的共同参与，使得本书含有那么全面的实训内容。

　　本书由湖北科技职业学院熊雯婧主编，湖北蒙妮坦职业培训学校李雯莉、宋钰琼任副主编，湖北科技职业学院罗晓燕、横店影视职业学院沈强法老师参与了本书部分内容的编写。特别提到的是本书化妆示范，并非我本人，而是我们优秀毕业生全荃同学，模特也并非寻找专业人士，是由我们教研室的闵珏老师和在校学生共同完成。书中的中国化妆设计作品来自湖北科技职业学院第11、12届毕业设计作品，在此一并表示感谢。本书有了专业人员和行业领航专家的支持，加之职业院校的共同努力，才合力编写而成。

　　本书在编写时，通过多次修改与删减，为了确保此书能用到实处，促进高职院校专业课程教材内容和职业标准相衔接，增强基础课程与项目实训课程教材内容相衔接，经历为期一年多的整理后最终完成。由于本人学识和经验有限，在本书的编写过程中难免会出现许多不足之处，在此恳请专家和同行批评指正。

熊雯婧

二〇一三年五月

一、课程定位

1. 课程的地位：《化妆设计与实训》是人物形象设计专业的专业核心课程。

2. 课程的作用：通过本课程的学习，学生应能够熟练掌握人物的脸部造型、五官特征和面部妆容的修饰技巧。

3. 课程与其他课程的关系：先修课程有《造型基础》、《构成设计》，主要是让学生掌握面部结构、美的构成，基础色彩搭配和图案设计，为化妆课程基础内容做铺垫，同样通过学习基础的面部妆容修饰和主题式妆容方便后续课程《整体形象设计》的学习。

二、课程设计的理念与思路

1. 本课程与市场人才规格要求接轨，与就业结合。在课程体系设计中，理论课程以应用为目标，教学内容紧密结合化妆造型专业核心能力对理论知识的要求，把专业（行业）职业资格认证内容导入课程体系，融进教学内容，纳入教学计划，并在教学中认真落实。在教学中始终坚持以"实用性"的原则，强化学生对个人形象设计师工作内容的掌握和动手操作能力。

2. 课程实践教学采用系列化、层次化模式。设有配合课程教学内容的示范、培养化妆造型技能的实训、专业的或社会性的实践，形成专业系统知识和技能为一体的训练模式，通过教学、实训与社会实际嵌入式来及时实现满足现实社会和经济发展需要的人物形象设计高端技能型人才。

三、课程目标

（一）能力目标

通过《化妆设计与实训》课程的学习，掌握面部化妆的基本操作方法及日妆、晚妆的要求和一般步骤，特别是基面化妆、眼部化妆、眉部化妆和唇部化妆的基本操作方法，设计出符合人物职业、性格、年龄、修养、场合的适宜妆容。

（二）知识目标

通过《化妆设计与实训》课程的学习，学生能够了解整体造型的基本概念、表现形式和适用范围。要求学生能熟悉各种化妆工具的使用，熟悉色彩、服装、发型、饰物等与整体形象设计的关系，明确化妆和形象设计的目的意义、基本原则、要素和化妆的注意事项。

（三）素质目标

通过《化妆设计与实训》课程的学习，训练学生的观察、想象、空间思维及动手能力，培养学生沟通能力，使学生达到职业化妆师的基本素质和涵养。

（四）证书目标

通过《化妆设计与实训》课程的学习，达到国家职业资格三级高级形象设计师技能的标准。

四、课程内容、要求与教学设计（共计：8学分，144课时，可分二学期开设）

教学内容	目标要求	课时
化妆的概论、标准三庭五眼及非标准三庭五眼、标准眉型和唇型的设计、非标准三庭五眼的修饰	了解针对不同脸型的修饰和标准眉型、标准唇型如何设计	8
不同眉形、唇形的设计、化妆品的认识及选择与应用、效果图练习	掌握针对不同脸型去修饰不同眉形和唇形，锻炼学生的创作思维	8
化妆流程的示范、学生练习	掌握在实践中的基本流程操作	16
裸妆的示范＋练习	掌握对底妆的精致度	12
生活妆示范＋练习	掌握假睫毛与眼影的运用	12
色彩妆的示范＋练习	掌握色彩搭配在妆面上的运用	12
基础妆实训项目考核	掌握之前所学的总结和技术的提升	8
主持妆的示范＋练习	掌握针对时尚女性妆型的搭配和设计	12
舞台妆的示范＋练习	掌握妆面运用线条描绘的技巧	12
晚宴妆的示范＋练习	掌握大小烟熏妆的技巧	12
新娘妆的示范＋练习	掌握轻薄打底的技巧及整体造型	12
创意妆的示范＋练习	启发创意思维运用于妆面	12
综合考试	总结所学的妆面和理论	8

五、课程实施

（一）教学组织

1. 在教学过程中，采用边讲边练的教学方法，讲课与作品图例赏析结合，立足于加强学生实际动手操作能力的培养，以工作任务引领提高学生学习兴趣，激发学生的学习热情。

2. 在授课过程中案例教程和实践运用交互使用，运用模拟课题和实际课题相结合。帮助学生理解掌握人物造型设计的知识与技巧。

3. 充分结合本专业领域的新观念、新发展趋势进行教学，课程教学贴近公司实际工作场景，充分营造职业岗位情景的真实氛围，为学生提供较好的职业发展空间，努力培养学生的创新实践能力。

4. 教学过程中，教师要积极的引导学生的职业素养，提高理论知识的能力、实际操作的技能以及应变能力。

（二）学业评价

1. 本课程的评价不再以掌握知识为依据，而是以学生能不能独立的操作化妆设计等项目为依据。

2. 以过程评价和目标评价相结合的方式，考试的方法以学生完成各项目为主。

3. 结合课堂提问，学生之间的作品评价、作业的评价，及动手能力、表达能力、解决问题能力的综合方法。

4. 注重学生的创新意识，全面综合评价学生能力。

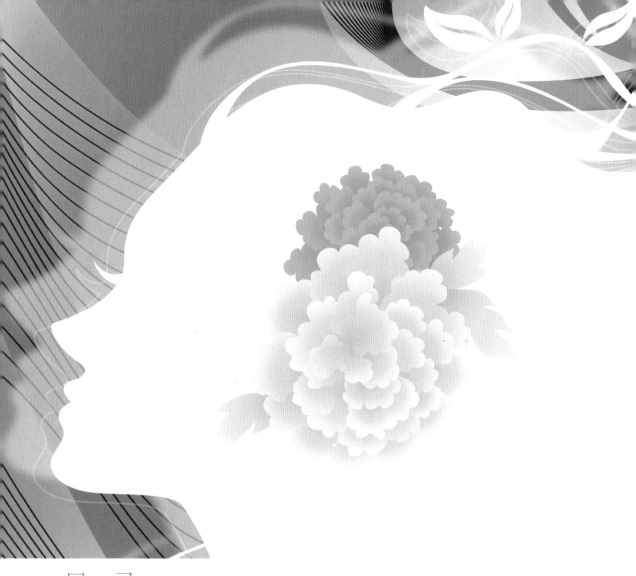

目 / 录
Contents

第一部分　基础篇　001

第一章　化妆品、化妆工具的选择、应用与保养 /001
　　第一节　化妆品的概念　/002
　　第二节　化妆品的分类　/005
　　第三节　化妆品的认识、选择和保养　/012
　　第四节　国际知名化妆品牌介绍　/016
第二章　五官结构 /022
　　第一节　三庭五眼的定义　/022
　　第二节　调整非标准的三庭五眼　/024
　　第三节　修饰眉、眼、唇、脸型　/025

第二部分　实训篇　　　045

第三章　基础妆项目实训　/045
　　第一节　裸妆　/045
　　第二节　生活妆　/057
　　第三节　化妆与色彩　/064
第四章　主题妆项目实训　/078
　　第一节　主持妆　/078
　　第二节　舞台妆　/083
　　第三节　晚宴妆　/085
　　第四节　新娘妆　/095
　　第五节　创意妆　/100
　　第六节　综合考核训练　/103

第三部分　欣赏篇　　　109

参考文献　/120

第一部分 基础篇

第一章
化妆品、化妆工具的选择、应用与保养

"工欲善其事，必先利其器"，要想打造一副美丽时尚的妆容，除了要具有较强的审美能力和操作技巧外，还需要拥有一套专业的化妆工具和质量上乘的化妆产品（图1.1）。

图1.1

第一节　化妆品的概念

化妆一词最早来源于古希腊，意为"化妆师的技巧"或"装饰的技巧"。化妆是运用化妆品和工具，采取合乎规则的步骤和技巧，对人的面部、五官及其他部位进行渲染、描画、整理，增强立体印象，调整形色，掩饰缺陷，表现神采，从而达到美容目的。化妆能表现出女性独有的天然丽质，焕发风韵，增添魅力。成功的化妆能唤起女性心理和生理上的潜在活力，增强自信心，使人精神焕发，还有助于消除疲劳，延缓衰老。

一、化妆品的定义

根据2007年8月27日国家质检总局公布的《化妆品标识管理规定》，化妆品是指以涂抹、喷洒或者其他类似方法，散布于人体表面的任何部位，如皮肤、毛发、指趾甲、唇齿等，以达到清洁、保养、美容、修饰和改变外观，或者修正人体气味，保持良好状态为目的的化学工业品或精细化工产品。通俗的广义上来说是指各种化妆的物品。狭义的化妆品则根据各国的习惯与定义方法不同而略有差别。

从化妆的目的来看，均为保护皮肤、毛发，维持仪容整洁，遮盖某些缺陷，美化面容促进身心愉快的用品。化妆是一种历史悠久的女性美容技术。古代人们在面部和身上涂上各种颜色和油彩，表示神的化身，以此祛魔逐邪，并显示自己的地位和存在。后来这种装扮渐渐变为具有装饰的意味，一方面在演剧时需要改变面貌和装束，以表现剧中人物；另一方面是由于实用而兴起。如古代埃及人在眼睛周围涂上墨色，以使眼睛能避免直射日光的伤害；在身体上涂上香油，以保护皮肤免受日光和昆虫的侵扰等。如今，化妆则成为满足女性追求自身美的一种手段，其主要目的是利用化妆品并运用人工技巧来增加天然美。

二、化妆品的发展历史

图1.2

化妆品的发展历史，大约可分为下列五个阶段（也称五代）。

1. 古代化妆品时代

在原始社会，一些部落在祭祀活动时，会把动物油脂涂抹在皮肤上，使自己的肤色看起来健康而有光泽，这也算是最早的护肤行为了。由此可见，化妆品的历史几乎可以推算到自人类的存在开始。在公元前5世纪到公元7世纪期间，各国有不少关于制作和使用化妆品的传说和记载，如古埃及人用黏土卷曲头发，古埃及皇后用铜绿描画眼圈，用驴乳浴身，古希腊美人亚斯巴齐用鱼胶掩盖皱纹等（图1.2），还出现了许多化妆用具。中国古代也喜好用胭脂抹腮，用头油滋润头发，衬托容颜的美丽和魅力。

2. 矿物油时代

20世纪70年代，日本多家名牌化妆品企业，被18位因使用其化妆品而罹患严重黑皮症的妇

Chapter 01

第一部分　基础篇

女联名控告，此事件既轰动了国际美容界，也促进了护肤品的重大革命。早期护肤品化妆品起源于化学工业，那个时候从植物中天然提炼还很难，而石化合成工业很发达，截至目前仍然有很多国际国内的牌子再用那个时代的原料，价格低廉，原料相对简单，成本低。所以矿物油时代也就是日用化学品时代（图1.3）。

图 1.3

3. 天然成分时代

从20世纪80年代开始，皮肤专家发现：在护肤品中添加各种天然原料，对肌肤有一定的滋润作用。这个时候大规模的天然萃取分离工业已经成熟，此后，市场上护肤品成分中慢慢能够找到天然成分！从陆地到海洋，从植物到动物，各种天然成分应有尽有。有些人甚至到人迹罕至的地方，试图寻找到特殊的原料，创造护肤的奇迹，包括热带雨林。当然此时的天然有很多是噱头，可能大部分底料还是沿用矿物油时代的成分，只是偶尔添加些天然成分，因为这里面的成分混合，防腐等仍然有很多难题很难攻克。也有的公司已经能完全抛弃原来的工业流水线，生产纯天然的东西了，慢慢形成一些顶级的很专注的牌子。

4. 零负担时代

2010年前，零负担产品开始在欧美、我国台湾流行，以往过于追求植物，天然护肤的产品因为社会的发展，和为了满足更多人特殊肌肤的要求，护肤品中各种各样的添加剂越来越多，所以，导致很多护肤产品实属天然，而实际并不一定天然。很多使用天然成分、矿物成分的由于产品的成分较多，给肌肤造成了没必要的损伤，甚至过敏，这个给护肤行业敲响了警钟，追寻零负担即将成为现阶段护肤发展史中最实质性的变革。2010年后，零负担产品开始诞生，以台湾婵婷化妆品为主，一批零负担产品，将主导减少没必要的化学成分，增加纯净护肤成分为主题，给用过频繁化妆品的女性朋友带了全新的变革，"零负担"产品的主要特点在于，产品减少了很多无用成分与护肤成分，例如使用玻尿酸、胶原蛋白等，直接用于肌肤吸收，产品性能极其温和，哪怕再脆弱的肌肤只要使用妥当，一般也没有问题。

5. 基因时代

随着人体25000个基因的完全破译，当然这其中也有跟皮肤和衰老有关的基因被破解，目前才刚刚开始，但是潜藏在大企业之间的并购已经暗流涌动，许多药厂介入其中，罗氏大药厂斥资468亿美金收购基因科技，葛兰素史克用7亿2千万收购Sirtris的一个抗老基因技术。还有很多企业开始以基因为概念的宣传，当然也有企业已经进入产品化。这个时代的特点，就是更严密、更科学，因为是新的技术，必须要有严格的临床和实证，严格检测，基因技术在世界各地都是严格控制的。未来的趋势是每个人的体检都会有基因图谱扫描这项，根据图谱的变化来验证产品的功效，美国有些已经做到这方面的工作了。这也是一个未来的趋势。这几个时代并不是完全割裂的，是逐渐演变的，各个公司之间也有互相代替。

三、化妆品的保养

1. 化妆品需远离浴室

浴室的空气湿度往往都很高，高湿度的环境不利于化妆品的安全，在盛夏季节，甚至容易出现受潮、发霉、出水的现象。除了清洁品，护肤品和彩妆品都要远离潮湿的浴室。比较常用的化妆品，可放在梳妆台上，较少用的可放在抽屉中。现用现买，不要囤积。

2. 睫毛膏的使用期限

睫毛膏超过6个月后就应淘汰，因为使用睫毛膏时要不断地抽拉，这使睫毛液很容易硬结变质；另外，睫毛膏靠近眼睛，变干或变硬对皮肤都有影响。所以说，开封使用的睫毛膏，超过六个月就不要再使用了。

3. 彩妆品管理

收集：首先将散落于浴室、化妆台、旅行包等各处的所有化妆品全都集合在一起，然后开始分类。

淘汰：将超过2年以上的产品淘汰；过去6个月都未使用到的产品也该舍弃，因为这些产品往后你会使用到的机会微乎其微！

观察：分析整理后所剩下的主要颜色有哪些？每天都在用的化妆品又是哪些？分析后的结论可以作为你以后购买化妆品时的准则，帮助你避免把钱花在已经拥有或根本用不到的化妆品上。

管理：整理出两套化妆品，一套家用、一套旅行用；最好再准备出一个小化妆包，以便在外时随时补妆。

4. 化妆品收纳细则

像衣服换季需要收纳一样，化妆品、保养品也需要换季收纳。在做换季收纳时，将接近过期的产品扔掉，把不适合自己的颜色送给他人，最后剩下的，就可以做收藏前的保养工作了。

保养品：也是先用棉花蘸酒精，将瓶盖及瓶口的边缘擦拭干净。这样不仅有消毒作用，也可以将瓶口容易滋生细菌的油质和蜡质，一并清洁干净，然后再用胶带将瓶口密封起来，防止液体蒸发变干。

口红：用干净的面巾纸将与唇接触过的部分，轻轻擦拭掉一层，就可以收起来了。

眼影、腮红、粉饼等盒状彩妆品：先用干净的化妆棉，将已经用过的、脏污的粉擦掉，再用棉花（或化妆棉）蘸酒精，将粉盒的外壳、边缘、镜面擦一遍，然后打开放在太阳不直射、空气流通的地方通风5分钟，盖起来就可以收到柜子或是化妆箱里了。

第二节 化妆品的分类

按照使用人群的不同分为：日化线化妆产品和专业线化妆产品。

按照使用目的不同可分为三类。

① 护肤类的化妆品（爽肤水、乳液、面膜等）（图1.4）；
② 彩妆类的化妆品（图1.5）；
③ 特殊用途类的化妆品（染发剂、生发剂、祛斑产品等）。

具体介绍以下几类化妆品。

一、卸妆类

① 眼部卸妆品。使用专业的眼部卸妆产品对眼影、眼线、睫毛膏、眉毛等卸除。
② 面部卸妆品。使用卸妆油对全脸的化妆进行溶解、卸除。

图1.4

图1.5

二、爽肤类

使用化妆水平衡面部的酸碱度，收敛毛孔，补充皮肤水分和营养。

主要从两个方面去选择：肤质和年龄。

1. 根据皮肤的性质选用化妆品

（1）皮肤性质的判断

方法1：早晨起床后，先不洗脸，用吸水性强的白色纸巾三块，分别在前额、鼻翼两侧及面颊反复擦拭。如三张纸巾上均有油迹，并油光光的，说明是油性皮肤；如纸巾几乎被油浸透，甚至有透明感，说明皮脂分泌过多，是超油性皮肤；若前额、鼻翼两侧油光，而面颊无油痕，即为混合性皮肤；如果三张纸巾均呈干燥无油迹，即为干性皮肤。介于干性皮肤和油性皮肤之间的则是中性皮肤。

方法2：冬天早晨起床后，用冷水洗脸，20分钟之内紧绷感消失的为油性皮肤，20~40分钟内紧绷感消失的为中性皮肤；40分钟后紧绷感才消失的为干性皮肤。

（2）化妆品的选用

a. 油性皮肤

特点：皮肤出油多，毛孔粗大，易生粉刺。这类皮肤以年轻人居多。

选用化妆品：含水分较多，油脂较少的水包油型化妆品，如雪花膏，蜜类等。

使用方法：早上，洗面要仔细，保持面部洁净。用收敛性化妆水调整皮肤；晚上除洗脸外，以按摩的方法去掉附着在毛孔中的污垢，以化妆水调节皮肤，以营养蜜涂擦，保养皮肤。

b. 超油性皮肤

特点：皮脂分泌多，且易污染、长粉刺，保养不当会导致粉刺恶化。

选用化妆品：含水分较多，油脂较少的水包油型化妆品，如蜜类、专用治粉刺的霜剂等。

使用方法：早上，洗面要仔细，保持面部洁净。用粉刺化妆水调整皮肤；晚上除洗脸外，以按摩的方法去掉附着在毛孔中的污垢，以治粉刺的霜剂涂擦，保养皮肤（特别注意：平时要注意洗脸，以防皮肤受污染）。

c. 中性皮肤

特点：皮肤红润、光滑、不粗不粘，易随季节变化，天冷偏向变干性，天热则变为油性。

选用化妆品：可根据年龄、季节等具体情况选用雪花膏、霜类或蜜类化妆品。

使用方法：早上，净面后用营养性化妆水调整皮肤，再选用适当的化妆品涂擦（冷天，可选用水包油型的冷霜或油包水型的雪花膏，热天，可选用水包油型的雪花膏）。晚上，洗脸后，以按摩的方法去掉附着在毛孔中的污垢，再用营养性或柔软性化妆水调节皮肤，然后用杏仁蜜、柠檬蜜等滋润皮肤。

d. 干性皮肤

特点：皮肤缺少光泽，手感粗糙，常年无柔软感，天冷时更甚，长期不加护理会产生皱纹。

选用化妆品：油包水型雪花膏、冷霜、蜜类化妆品。

使用方法：早上，洗脸后，用柔软性化妆水调整皮肤，再用冷霜或乳液滋润皮肤；晚上，洗脸后，以按摩的方法除去附着在毛孔中的污垢，促进血液循环，增进皮肤的生理活动，再用营养性化妆水调整皮肤，最后用霜类或油性的乳剂涂擦皮肤。

e. 超干性皮肤

特点：皮脂分泌甚少，没有弹性，易生皱纹。

选用化妆品：油包水型冷霜或含油分多的营养性膏霜类化妆品。

使用方法：早上，洗脸后，用柔软性化妆水调整皮肤，再用冷霜或营养性膏霜类化妆品滋润皮肤；中午及晚上，洗脸后，以按摩的方法除去附着在毛孔中的污垢，促进血液循环，增进皮肤的生理活动，再用柔软性或营养性化妆水调整皮肤，最后用霜类化妆品涂擦皮肤。

2. 根据年龄选用化妆品

（1）儿童

皮肤特点：结构、功能发育不全，较成年人皮肤薄，表皮毛孔较成年人细小，对来自外界环境的刺激抵抗能力不强，容易过敏。

化妆品选用：儿童专用化妆品，如儿童霜、宝贝霜、儿童防晒霜（不含任何刺激成分，香精含量低）。

（2）25岁以下青年

皮肤特点：皮肤润滑细腻有光泽，丰满而富有弹性。

化妆品选用：一般润肤膏霜（根据皮肤性质选用）。

（3）25岁以上的人

皮肤特点：皮肤开始老化。特别是46岁以上中老年人，皮肤老化逐渐明显，皮脂腺和汗腺逐渐萎缩，其分泌物减少，皮肤保持水分的功能下降；表皮角质层干燥、易皲裂；有的部分角质层增生、变厚，产生皮屑而脱落。

化妆品选用：注意皮肤需要的营养成分，如花粉、蜂王浆、珍珠等组成的化妆品。另外，中老年人皮肤中胆固醇量、半胱氨酸、蛋氨酸中有机硫含量减少，可选用加入胆固醇成分的化妆品，如含羊毛脂的膏霜等。

三、彩妆类化妆品

1. 面部产品的分类

（1）粉底

a. 粉底液　优点：质地较薄、透气；缺点：遮盖力较弱。适合夏季油性皮肤及肤质较好的皮肤使用，用于一般的日常生活妆面。

b. 粉底霜　优点：遮盖力较强；缺点：质地相对较厚。适合秋冬季、干性皮肤及面部有瑕疵的皮肤使用。

c. 粉底膏　粉底中质地最厚的一种。优点：遮盖性强，可遮盖面部较多的瑕疵；缺点：不透气，上妆效果比较明显。适合拍摄上镜妆面使用。

（2）BB霜

作用：遮瑕、防晒、调整肤色、细致毛孔。

功能：多功能性产品，粉底+隔离+遮瑕+护肤于一体。

（3）蜜粉

主要成分：珍珠粉、植物VC。

作用：祛除油脂，长效定妆，保持妆容一整天的完美靓丽。

珠光：适合晚装、时尚妆容，脸型过大的不宜选用闪亮的蜜粉。

亚光：适合淡妆、妆面素雅的妆容。

（4）遮瑕类

作用：遮盖面部细小的瑕疵，适合局部使用。

遮瑕液：含水分较多，遮盖效果比较自然，适合淡妆使用。

遮瑕膏：质地较厚，上妆明显，遮盖力较强，适合浓妆使用（图1.6）。

图1.6

（5）粉饼

作用：用于补妆，携带方便。

粉饼分类如下（图1.7、图1.8）。

干湿两用粉饼：适合脱妆比较严重的顾客，有一定的遮盖性；简易的妆面可以用粉饼代替粉底液。

干粉饼：脱妆不是很明显，上妆效果比较自然。

图 1.7　　　　　　　　　　　　　　　　　　　　　　　　　　　　　图 1.8

湿粉饼：妆容效果持久，效果类似粉底液。
珠光：可提升面部的光泽度。
（6）腮红
作用：使面色红润健康，还可适当的修饰脸型。
干性腮红：适合定妆后使用，上色易均匀，容易涂抹，卸妆方便。
腮红膏：适合粉底后使用，上妆效果非常自然，妆容生动，缺点是涂抹不方便，卸妆麻烦。

2. 眼部产品的分类

（1）眼影
作用：增加妆面色彩气氛，呼应妆面的整体效果，适当的情况下还能修饰眼型（图1.9）。

图 1.9

眼影粉：质地薄，上色效果比较素雅，缺点，上色效果慢，容易脱妆。

眼影膏：现在比较流行的眼部化妆品，色彩种类没有粉妆丰富，但涂后给人以光泽、滋润的感觉。

矿物粉眼影：颗粒较粗、颗粒较细（图1.10）。

图1.10

（2）眼线

作用：增加眼部神采，修饰眼型，呼应妆面的整体效果。

眼线笔：使用简单，卸妆方便。适合初学不常用眼线笔的顾客；缺点是易脱妆，造成上下眼部匀染（图1.11）。

图1.11

眼线液：上妆效果非常明显，效果比较好，适合对化妆有一定经验的顾客，缺点是卸妆比较麻烦（图1.12）。

图1.12

图 1.13

眼线膏：易上色，且色泽持久，容易晕染，适合初学者（图1.13）。

图 1.14

（3）睫毛膏（图1.14）

防水型：遇水不易脱妆，从此告别熊猫眼。

卷翘型：让睫毛自然卷翘，快速达到增大眼睛的效果。

拉长型：富含丰富的纤维，让睫毛在原有长度的基础上自然拉长。

滋养型：修复及滋养睫毛，帮助改善毛鳞片受损的睫毛。

浓密型：可以在一定情况下丰富睫毛的密度，不结块，不掉渣。

（4）眉笔类

作用：调整眉形。

眉笔：质地软硬均有，可描画出逼真的效果（图1.15）。

眉粉：使眉毛的线条、质感比较自然而不僵硬（图1.16）。

图 1.15

图 1.16

3. 唇部产品的分类

唇部产品包括唇彩、唇膏、唇蜜、唇线笔。

唇彩：质地较薄，上妆效果较自然，适合唇色较浅的时尚顾客需求（图1.17）。

唇冻：质地稍厚，可以适当的改变唇色（图1.18）。

唇蜜：主要含唇部修复成分，除了可适当的改变唇色还能滋润唇部，使唇部肤质更加健康（图1.19）。

唇膏：质地较厚，不易脱妆（图1.20）

唇线笔：勾画唇部轮廓，强调唇部的立体感（图1.21）。

图1.17

图1.18

图1.19

图1.20

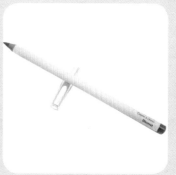

图1.21

四、化妆品选择的基本要求

① 对皮肤没有刺激性和毒性；
② 没有异常的气味；
③ 稳定性能好，一般要求能存放三年；
④ 具有良好的感触性能；
⑤ 外观、黏度、色泽和使用效果等都必须符合特定的要求。

五、化妆品的使用与存放

由于微生物的广泛存在，化妆品很容易受其污染。化妆品受微生物污染有两种情况。

一次污染：生产、储存、运输及销售过程中对化妆品造成的污染。

二次污染：消费者在使用中，由于取用前手未洗净，用后未及时盖严，保存不当或使用时间过长等原因使化妆品受到微生物污染。

保养方法：
① 化妆品应随用随买，不宜长期保存。
② 存放化妆品时，要将其置于阴凉、干燥、避光防冻的清洁位置。
③ 最佳存放温度在10～25℃，暂时不用的化妆品不要启封，防止污染。
④ 日常取用时，应用干净的取物棒蘸取涂于掌心，多余的部分不要再放回容器中。必须用手取时，必须把手洗净，晾干后再取。
⑤ 使用后应及时把盖子盖紧，防止水分蒸发使化妆品干涸变质，或微生物入侵发生霉变。
⑥ 使用过的化妆品不宜长期存放，无论保质期有多长都应尽快用掉，最长不超过六个月。

第三节 化妆品的认识、选择和保养

一、化妆工具的认识和选择

1. 化妆必备工具

① 湿粉扑：多形状的海绵块，蘸上粉底直接涂印于面部，绵块可触及到各个面部角落，使妆面均匀柔和，是涂抹化妆品的最佳工具（图1.22）。

② 干粉扑：丝绒或棉布材料，粉扑上有个手指环，便于抓牢不易脱落，可防手汗直接接触面部，蘸上蜜粉可直接印扑于面部，使肤质不油腻反光，均匀柔和（图1.23）。

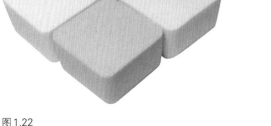

图1.22

图1.23

③粉底扫：毛质柔软细滑，附着力好，能均匀地吸取粉底涂于面部，功能相当于湿粉扑，是粉抹粉底的最佳工具（图1.24）。

④蜜粉扫：化妆扫系列中扫形较大，圆形扫头，刷毛较长且蓬松，便于轻柔地、均匀地涂抹蜜粉。

⑤胭脂扫：比蜜粉扫略小，有圆形及扁形扫头，刷毛长短适中，可以轻松地涂抹胭脂。

⑥斜角扫：刷头毛排列为一斜角形，可轻易地随颧骨曲线滑动，用于勾勒面部轮廓（图1.25）。

⑦扇形扫：刷头毛排列为扇形，主要用于扫除脸部化妆时多余的脂粉和眼影粉（图1.26）。

⑧遮瑕扫：扫头细小，扁平且略硬，蘸少许遮瑕膏后涂盖面部的斑点、暗疮印等不美观的小区域（图1.27）。

⑨眼影扫：扫头小，圆形或扁形，便于眼睑部位的化妆。分大、中、小三个型号，大号用于定妆和调和眼影，中号用于涂抹颜色，小号用于涂抹眼线部位（图1.28）。

⑩眼影海绵棒：扫头为三角形海绵，便于把眼影粉涂抹眼部细小的皱纹里，使眼影对皮肤的黏合更加服帖（图1.29）。

⑪眼线扫：扫头细长，毛质坚实，蘸适量的眼线膏、眼线粉涂抹眼睫毛根部，描画出满意的眼线（图1.30）。

⑫两用刷：刷头分两边，一边刷毛硬而密，一边为单排梳，可梳理眉毛的同时也可作梳理睫毛，使黏合的睫毛便于清晰地分开（图1.31）。

⑬眉扫：扫头斜角形状，毛质细，软硬适中，扫少许的眉粉

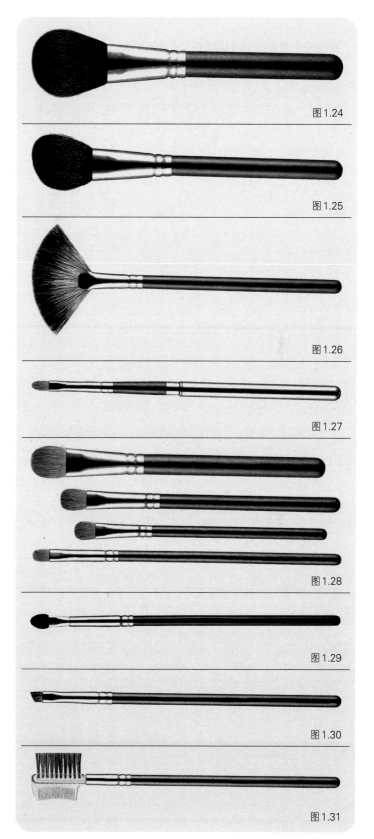

图1.24

图1.25

图1.26

图1.27

图1.28

图1.29

图1.30

图1.31

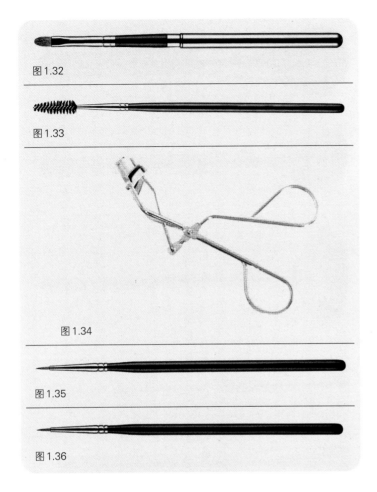

图 1.32

图 1.33

图 1.34

图 1.35

图 1.36

于眉毛上，自然真实（图1.32）。

⑭ 螺旋刷：刷头呈螺旋形状，用于贴取睫毛膏涂擦于睫毛上，平时也可作梳理睫毛使用（图1.33）。

⑮ 修眉剪：迷你型剪刀，刀头部尖端微微上翘，便于修剪多余的眉毛。修眉剪也可作裁剪化妆美目胶布贴。

⑯ 修眉刀：刀片为刀头，锋利，便于剃掉多余的眉毛。要注意刀面非常锋利，小心慎用。

⑰ 睫毛夹：睫毛放于夹子的中间，手指在睫毛夹上来回压夹，使睫毛卷翘，增强轮廓立体感。夹上加有橡胶垫，可防止使用时睫毛断裂（图1.34）。

⑱ 唇线扫：扫头细长，方便描画唇部轮廓线条（图1.35）。

⑲ 唇扫：扫毛密实，扫头细小扁平，便于描画唇线和唇角。主要用来涂抹唇膏或唇彩，也可用于调试搭配唇膏的颜色（图1.36）。

2. 化妆辅助性工具

① 镊子：头部两面扁平，便于夹取物体，主要用于夹取修剪后的化妆美目胶布贴，方便地贴于眼部。

② 化妆笔削刀：笔刨，适合眉笔、眼线笔、唇线等的使用。

③ 美目贴：透明或磨砂不透明的胶布，剪出半弯形胶贴，贴出美丽双目。使用方法：用修剪刀剪出理想半弯形胶布贴，直接粘贴于眼皮叠线位置（图1.37）。

④ 假睫毛：能令眼睛瞬间变大变美，使妆容更传神，更具魅力，在T台化妆、影视化妆、生活时尚妆容中，假睫毛是使脸部生动、充满吸引力的重要内容。假睫毛的种类繁多，单从材质来分就有：纤维睫毛、真人发睫毛、动物毛睫毛、羽毛睫毛等（图1.38）。

⑤ 睫毛胶：粘贴假睫毛之用。使用方法：将睫毛胶刷于假睫毛根部，待胶水半干的时候将假睫毛固定于睫毛根部（图1.39）。

⑥ 酒精：用于妆前消毒。

⑦ 棉棒：用于取用化妆品或修补妆面的辅助用品。

⑧ 化妆棉：卸妆或者上化妆水的时候的辅助用品。

⑨ 面巾纸：清洁面部时的辅助用品。

⑩ 刘海贴：化妆或洗脸时使用，使头发不易散乱，使用方便。

⑪ 鸭嘴夹：化妆或造型时固定头发用（图1.40）。

Chapter 01

第一部分　基础篇

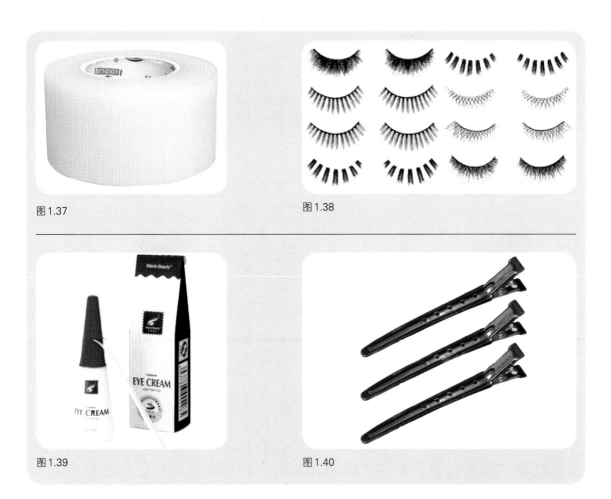

图1.37

图1.38

图1.39

图1.40

二、化妆工具的清洗和保养

　　每一种化妆用品，都会随着使用的时间而变脏，如果你因为懒惰而继续使用这些被睫毛膏、粉底液或是眼影弄脏的粉扑、刷子和海绵，实在很不卫生，也容易被细菌感染，让皮肤变得糟糕。除此，还会影响到上妆的颜色与效果，所以定期清洁化妆用具是非常重要的事。

1. 刷具

　　大部分的刷子都是用动物毛制造的，所以可以用洗头发的方式来洗这些用具。首先把洗发水以3：7的比例和水调和，把刷子以顺时针的方向在水盆里搅动一两圈，稍微压一压后，再用干净的水顺着刷子冲洗干净，用适量护发素加水泡两分钟，顺一顺毛后在通风处阴干。

2. 粉扑海绵

　　平常最好准备两个粉扑以便替换，毕竟这是和脸部肌肤接触的第一线，所以更要小心。可以清洗粉扑和海绵，可用中性洗剂洗净再晾干即可。

3. 睫毛夹

　　会弄脏睫毛夹，是因为你先涂睫毛膏之后夹睫毛、其实这个程序是不正确的，最好改掉这个坏习惯。睫毛夹会脏的部分在那两块和睫毛接触的橡皮，只要每次用完以后用卫生纸擦干净就行了。另外、可以用棉花来蘸酒精处理。通常橡皮部分是可以更换的，若是真的无法清洁，就只好再买一对了。

4. 化妆袋

布料的化妆袋，可以用水来清洗。如果是皮革，可用湿布轻擦，再以清洁油轻轻擦拭。

第四节　国际知名化妆品牌介绍

现代社会，化妆品扮演着越来越重要的角色，从某种意义上说化妆品已经成为爱美女性不可或缺的生活必需品。

1. 迪奥（Christian Dior）

创始人：克里斯丁·迪奥
创始时间：1946年
创始地：巴黎
所属公司：法国LVMH集团
官方网站：http://www.dior.com

DIOR，简称CD。以做高级时装起家的DIOR品牌，自1947年首次推出香水MISS DIOR后，现已全面进军美容领域。经典与高贵是DIOR的代名词，如今，DIOR更是时尚和创新的代表之一。

镇牌之宝：

蓝金唇膏——DIOR标志性的唇膏，丰润柔软，色彩纯正，在舒适和持久之间达到不可思议的平衡，是无数女性手袋中必不可少的宠物（图1.41）。

五色眼影——虽然DIOR每一季都会推出各种令人眼花缭乱的彩妆新品，但这款眼影自1987年延续至今，依旧是许多化妆师和女性的最爱。

图1.41

2. 香奈儿（Chanel）

以交叉的两个C为品牌标识的CHANEL品牌，同样以高级成衣起家。在美容领域最大的成功为香水。

镇牌之宝：

NO.5香水——这个成就了一段香水神话的香水，已经成为全球无数女子的妆台最爱。它特别幽雅浪漫的格调，把女子内心的细致情怀表达尽致，性感女神梦露的那句"我，只穿NO.5入睡"的名言，更让这款女士香水名垂百年（图1.42）。

图1.42

Chapter 01

3. 雅诗兰黛（Estee Lauder）

创始人：雅诗兰黛夫人
创始时间：1946年
创始地：美国
所属公司：雅诗兰黛集团
官方网站：http://www.esteelauder.com
ADBANCED NIGHT REPAIR（简称ANR）系列，无疑是该品牌最为经典和大牌的护肤保养品了。自推出20多年来，一直保持经典的琥珀色玻璃瓶包装，创下全球每十秒销售出一瓶的佳绩。内含果酸，睡醒后，只觉得面颊水分充足，光滑细腻。该产品的那句"如果你16年前已经用上了ANR系列，那么16年后的今天，你的皮肤依然和16前一样细腻娇嫩"的广告语深入人心（图1.43）。

图1.43

4. 倩碧（Clinique）

创始人：诺曼·奥伦特拉奇 卡罗·菲利普斯
创始时间：1968年
创始地：纽约
所属公司：雅诗兰黛集团
官方网站：http://www.clinique.com

CLINIQUE的名字和品牌的概念来源于法文：医学诊所。是ESTEE LAUDER集团的另一重量级品牌。以过敏度低，不含香料无刺激的护理理念闻名于世。CLINIQUE在美国、英国均是销量第一的高档化妆品品牌。

镇牌之宝：
护肤三步曲——CLINIQUE自1968年品牌创立之初就推出的三步曲概念，倡导简单就是美的哲学，至今仍秉承"洁面皂+化妆水+特效润肤乳"的组合。在1、2、3步的三件产品之外再用任何保养品都能得到事半功倍的效果，为肌肤提供最简便、安全、有效的呵护（图1.44）。

图1.44

5. 兰蔻（Lancome）

创始人：阿芒·珀蒂让
创始时间：1935年
创始地：法国
所属公司：Loreal 欧莱雅
官方网站：http://www.lancome.com

这个法国国宝级的化妆品品牌创立于1935年,迄今已有70多年历史。自创立伊始,就以一朵含苞欲放的玫瑰作为品牌标记。在70多年的时间里,兰蔻以其独特的品牌理念实践着对全世界女性美的承诺,给无数爱美女性带去了美丽与梦想……

更难得的是,一个70多年的老牌子,时至今日还能保持如此年轻的状态,在彩妆以及护肤届均有有众多被时下女性拥护的精品。

镇牌之宝:

睫毛膏——LANCOME的睫毛膏,在化妆品届具有无可争辩的崇高地位。"全球每售出二支睫毛膏中,就有一支是LANCOME的"。独特的刷头设计,层次细致分明;纤维超幼细,无人能及。其中,淡妆首选的精密睫毛膏;晚妆等场合首选3D立体睫毛膏(图1.45)。

HYDRA ZEN水分缘系列——该系列无疑是LANCOME最被推崇的护肤系列,以细腻薄透的质地出名,保湿滋润,又不会觉得厚重。可消除肌肤疲劳,镇静、并调节肌肤功能,对各种因环境天气等原因造成的皮肤不适可起到很好的舒缓功效,有"保命"霜之称。

图1.45

6. 碧欧泉(Biotherm)

创始人:卢西安·欧博

创始时间:1952年

创始地:摩纳哥

所属公司:欧莱雅集团

官方网站:http://www.biothermchina.com/

碧欧泉卓越的护肤功效,来自温泉中提取的精华PETP(矿泉有机活性因子),富含多种微量元素、矿物质和蛋白质成分,能温和条理肌肤,使其达到均衡状态。它是法国的科学家在研究温泉对人体的疗养功效时发现的。为了寻求最佳的提取源,科学家不惜涉入法国山脉深处,终于以20年的努力,以生物技术提取到大量的PETP因子,并成功研发出适合皮肤每日使用的护肤产品,也就是我们今天的BIOTHERM护理全系列(图1.46)。

镇牌之宝:

活泉水分露——碧欧泉最初打天下的镇店王牌。每一瓶都含有相当于5000公升的温泉水中所含的丰富的PETP,只需豌豆大小,即可令肌肤水分十足,呈现最完美的状态。

图1.46

7. 欧莱雅（L'oreal）

创始人：欧仁·舒莱尔

创始时间：1907年

创始地：法国

所属公司：欧莱雅集团

官方网站：http://www.lorealchina.com/

欧莱雅集团成立于1907年，目前最大的持股人是创始人的独生女贝当古夫人和雀巢集团，欧莱雅根据消费人群以及产品特性分为：高级化妆品部、大众化妆品部、专业美发产品部和活性健康化妆品部。

高级化妆品部代表：一线品牌——郝莲娜（HR）；二线品牌——兰蔻、碧欧泉、植村秀；

大众化妆品部代表：巴黎欧莱雅、美宝莲、羽西、小护士、卡尼尔等；美发品牌——巴黎欧莱雅、卡诗；健康化妆部——薇姿、理肤泉；香水品牌——阿玛尼、POLO、卡夏尔等。

8. 伊丽莎白·雅顿（Elizabeth Arden）

创始人：弗洛伦丝·南丁格尔·格雷厄姆

创始时间：1910年

创始地：美国

所属公司：伊丽莎白·雅顿

官方网站：http://www.elizabetharden.dk/

早在20世纪20年代，EA已经是一个全球知名的美国品牌，曾一度垄断整个高级美容护肤市场。一代性感女神玛丽莲·梦露的化妆箱里，就常备有雅顿的眼影、唇膏。在美容界多元化的今天，EA依然保持其传统的特色，一些产品的巧妙用法，仍为人称奇。

镇牌之宝：

8小时润泽霜——该品牌历史最悠久的产品之一，至今已有74年的历史，有"万能霜"之称。可用于脸部、眼部、唇、颈和手，任何一处你觉得干燥的地方。滋润度非常持久而有效，它另外还有淡化疤痕、修复肌肤弹性的意外疗效（图1.47）。

图1.47

9. 资生堂（Shiseido）

创始人：日本海军首席药剂师福原有信

创始时间：1872年

创始地：日本

产品类型：化妆品

所属公司：SHISEIDO资生堂

有130多年历史的资生堂，是亚洲最老牌的殿堂级化妆品。主线资生堂国际系列，以优雅、品位、有效、安全，而深入人心（图1.48）。

图1.48

10. 芭比·布朗（Bobbi Brown）

创始人：芭比·布朗
创始时间：1991年
创始地：美国
所属公司：雅诗兰黛集团
官方网站：www.bobbibrown.com.cn

　　一直以色调与质感的自然、精致而闻名的芭比·布朗品牌自1995年与美国雅诗兰黛合作后，便走上了国际化的发展之路，同时芭比·布朗在发展过程中，更是注重其产品的全面性和品牌的人性化。在雅诗兰黛集团的支持下，芭比·布朗的化妆理念很快从美国纽约开始扩散到欧洲各国及亚洲中国台湾、日本等地。2005年芭比·布朗将这股自然妆容风潮带入中国（图1.49）。

图1.49

11. M·A·C（Make-up Art Cosmetics）

创始人：弗兰克·托斯坎；弗兰克·安吉洛
创始时间：1985年
创始地：加拿大多伦多
所属公司：雅诗兰黛集团
官方网站：http://www.maccosmetics.com

　　1985年，专业彩妆师暨摄影师弗兰克·托斯坎和经营连锁美发沙龙的弗兰克·安吉洛在加拿大多伦多共同创办了M·A·C彩妆品牌，M·A·C是"make-up art cosmetics"（彩妆艺术）的缩写。M·A·C的第一批顾客是一些经常合作的专业彩妆师、模特和摄影师，然后是设计师和杂志编辑。因为出众的色彩，得到了杂志的认可，渐渐赢得了良好的口碑，逐渐传为流行（图1.50）。

图1.50

12. 植村秀（Shu Uemura）

创始人：植村秀
创始时间：1966年
创始地：日本
所属公司：欧莱雅集团
官方网站：http://shuuemura.luxurybeauty.com/shuuemura/index.aspx

　　大师级专业美容品牌植村秀不仅仅以其彩妆产品闻名于世，同时也拥有强大而全面的护肤产品。他于1967年首次推出洁颜油，并以这款标新立异的产品为契机，创立了自己的品牌植村秀Shu uemura。彩妆产品和专业化妆工具更是广受好评。植村秀品牌以其良好的护肤彩妆产品，以及特色的日式服务，给更多爱美的女性带来更多的感动（图1.51）。

图1.51

13. MAKE UP FOR EVER

创始人：Dany Sanz
发源地：法国
创建时间：1984年
所属集团：LVMH（路威酩轩）集团

创始人Dany Sanz坚持亲力亲为，从A到Z系列的所有产品及配方上不打任何折扣。它强调产品的专业性、高品质、高科技、高性能、可靠性和可信度。在大量的美卡芬艾产品中，只选出少量的产品作为经典主打，并根据瞬息万变的时尚潮流推出各式最新颖的彩妆产品。明星产品有：HD高清粉底液和HD高清蜜粉（图1.52）。

图1.52

第二章 五官结构

第一节 三庭五眼的定义

一、五官结构知识

人的面部不仅拥有形式美的基本要素，还要具有形式美的最精确的比例，面部的轮廓以左右鬓角发际线为宽，以额头发际线到下巴尖的间距为长，比例恰当，左右基本对称的面部才让人觉得漂亮，人的体貌特征千差万别，特别是不同年龄、不同性别、不同人种的整体比例都很难有统一的标准，人的五官位置和形态各有差异，当前美学家用黄金面容分割法分析标准的面部五官比例，五官比例一般以"三庭五眼"为标准，三庭五眼是对脸型精辟的概括，对面部的化妆有着重要的参考价值，也是中国古代总结出来描绘人的面部美比例的标准。

在中国传统的绘画理论中，必须要掌握的是人物的左右两边具有完全对称的关系，它是我们抓准脸型和检验形体比例误差的依据。在这里我们把头部的比例进行了规律性的总结，即"三庭五眼"，可以说它是中国传统意义上的面部美的标准，用来作为化妆师化妆、矫形的基本依据。

二、"三庭五眼"的概念

美学家用黄金切割法分析人的五官比例分布，以三庭五眼为修饰的标准，是对人的面部长宽比例进行测量的方法。纵向为长度，横向为宽度。

定义：是对人体面部长宽比例的测量方法（图2.1）。

图2.1

Chapter 02

三、测量方法

三庭：是将人的面部纵向分为三等分，而每一等份相等（图2.2）。

一庭：上庭，前额发际线到眉头底端。

二庭：中庭，眉头底端至鼻底端。

三庭：下庭，鼻底端至下巴底端。

五眼：正面平视，将人的面部横向分为五等分，而每一等份为一只眼的长度。

注：从"三庭五眼"的比例标准可以得到以下结论，"三庭"决定着脸的长度。五眼决定着脸的宽度，面部的这一对应关系成为矫正化妆的依据（图2.3）。

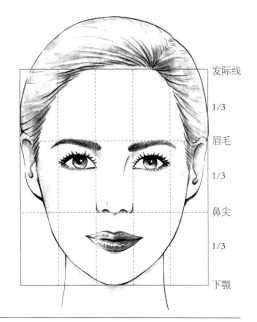

图2.2

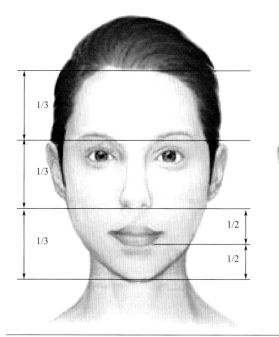 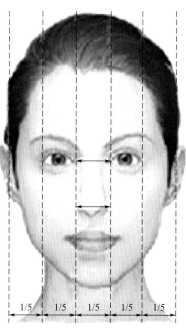

图2.3

四、局部比例关系

1. 眼睛与脸部的比例关系

眼轴线为脸部的黄金分割线，眼睛与眉毛的距离等于一个眼睛中黑色部分的大小，眼睛的内眼角与鼻翼外侧成垂直线。

2. 眉毛与脸部的比例关系

眉头、内眼角和鼻翼两侧应基本在人正视前方的同一垂直线上，眉梢的位置在鼻翼与外眼角连线的延长线与眉毛的相交处。

3. 鼻子与脸部的比例关系

黄金三角是指腰与底边之比等于0.618或者近似值的等腰三角形，其内角分别为36°、72°、72°。人体具有三角形特征的部位很多，但对人的面部形象极具重要意义的是集中在人脸部的三个三角形。

（1）鼻部正面，是以鼻翼为底线与两眉中点构成的一个黄金三角。

（2）鼻部侧面，是以鼻根点（两内眼角连线中点）为顶点，鼻背线（鼻根点和鼻尖的连线）与鼻翼底线构成的一个黄金三角。

（3）鼻根点与两侧嘴角，是以嘴角连线为底线与鼻根点构成一个黄金三角。

（4）鼻部轮廓，是以鼻翼间距为宽，以眉头连线至鼻翼底线间距为长，构成一个黄金矩形。且此矩形位于面部轮廓黄金矩形的正中央位置。鼻部宽度是鼻翼间距，正好等于两内眼角的间距，鼻梁的宽度为两内眼角间距的三分之一。

4. 嘴唇与脸部的比例关系

嘴部轮廓，当面部处于静止状态时，以上唇峰至下唇底线间距为宽，以两嘴角间距为长，构成一个黄金矩形。标准唇形的唇峰在鼻孔外缘的垂直延长线上，嘴角在眼睛平视时眼球内的垂直延长线上。下唇略厚于上唇，下唇中心厚度是上唇中心厚度的2倍，嘴唇轮廓清晰，嘴角微翘，整个唇形富有立体感。

第二节　调整非标准的三庭五眼

一、调整非标准的三庭

1. 一庭修饰

① 一庭偏长：显得智慧

修饰方法：a. 抬高眉头，（必须眉眼间的距离要近，眉头偏低才行）；
　　　　　b. 前额发迹线用剩余的腮红粉（暗影粉）清扫；
　　　　　c. 可以借助刘海修饰。

② 一庭偏短：不放松，不够灵活

修饰方法：a. 剃前额发迹线（影视剧中常用到）；
　　　　　b. 将前额的中部提亮；
　　　　　c. 降低眉头（眉眼间距较远的）；
　　　　　d. 将刘海做蓬松状。

2. 二庭修饰

① 二庭偏长：淡漠，严肃的印象

修饰方法：a. 鼻端暗影的修饰；
　　　　　b. 降低眉头（眉眼间距较远的）。

② 二庭偏短：稚嫩，年轻的感觉

修饰方法：a. 鼻梁的提亮；
　　　　　b. 抬高眉头（必须是眉眼间的距离要近，眉头偏低才行）。

3. 三庭修饰

① 三庭偏长：显得长寿

修饰方法：a. 下巴暗影的修饰；

　　　　　b. 上嘴唇的修饰（丰满）；

　　　　　c. 两侧暗影的修饰。

② 三庭偏短：显得可爱

修饰方法：a. 下巴的提亮；

　　　　　b. 唇型修饰的薄一点。

二、调整非标准的五眼（重点在于调整两眼之间的距离）

两眼间距过宽：天真，可爱

修饰方法：a. 加重内眼角眼影的描画，内眼角的勾画；

　　　　　b. 眼线不宜过长；

　　　　　c. 刷睫毛时注重睫毛中部的拉长；

　　　　　d. 鼻梁的提亮。

两眼间距过短：不放松，拘谨

修饰方法：a. 加深外眼角眼影的描画，达到拉伸的效果；

　　　　　b. 适当地拉长眼线；

　　　　　c. 刷睫毛时以外眼角1/3或1/2为主，贴假睫毛时可适当往后。

第三节　修饰眉、眼、唇、脸型

一、眉

1. 标准眉型

美丽的眉毛是个体端庄、容貌秀丽的重要组成，眉的作用在于辅助和强调眼睛的形状、色彩、比例和情趣，同时又起着一种反衬作用，眼睛刚强，眉毛就柔软，眼睛暗淡，眉毛就突出，使面部立体感增强，起着画龙点睛的作用。

标准眉型的画法：取一条直线，把这条直线平均分为三等份，每一等份都相等，眉峰的高度是取其中一等份的1/2（图2.4）。

眉头：略低于水平线起笔，最宽、颜色最浅，眉头是稀疏的。眉头要浅、要虚、要自然，不可过方或过圆（在鼻翼与内眼角的延长线上）。

眉峰：高度是长度的1/3的1/2（眉峰的下边缘），最高、颜色最深，是整条眉毛中最浓密的地方。眉腰的眉毛是斜向后的（在鼻翼与眼珠正中的延长线上，约在眉毛的2/3处）。

眉尾：最细、略深的颜色，在水平线，斜向下的，要略高于眉头。位于鼻翼外侧到外眼角的延长线，颜色逐渐变浅至消失，是最细的地方（图2.5）。

眉的化妆一般选用柔和自然的灰色、灰棕色、棕褐色或

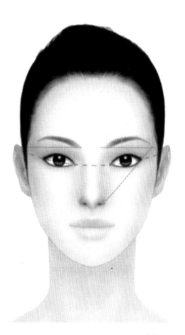

图2.4

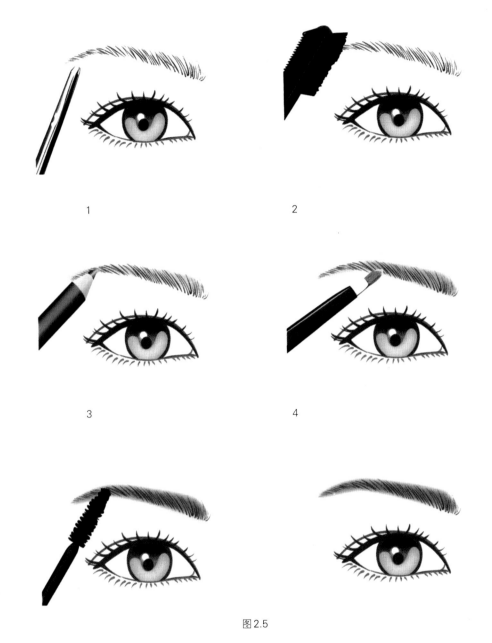

图2.5

驼色,正确的方法是修眉,然后用眉笔将眉型设计好后,再用眉刷蘸少许眉影粉(眼影粉亦可),将整个眉毛刷均匀即可。

用眉笔画眉时可以将眉笔削成鸭嘴状。描画时应注意力度要均匀,描画要柔和自然,较好地体现眉毛质感。特别是眉腰处,可用增加眉毛密度来体现色泽,千万不要增加力度,因为增加力度只会将眉毛画成"僵眉"。

搭配一些深棕色调的暖色系列画眉,可以增加眉毛柔和自然的效果。

2. 眉毛的修饰

修眉的原则:宁剪勿拔、宁宽勿窄、清除其余。造型修眉之前,先用眉梳把眉毛梳理成形,然后开始画，再按照眉毛的长势彻底拔掉有碍眉型的杂毛，并用眉剪修剪过长的眉毛或逆向生长的眉毛，以利于眉型的清晰柔顺。修眉时注意应尽量保留原来的眉毛，这样真实立体感比较强。眉毛的修饰方法分为两个步骤完成：即修眉和画眉（图2.6）。

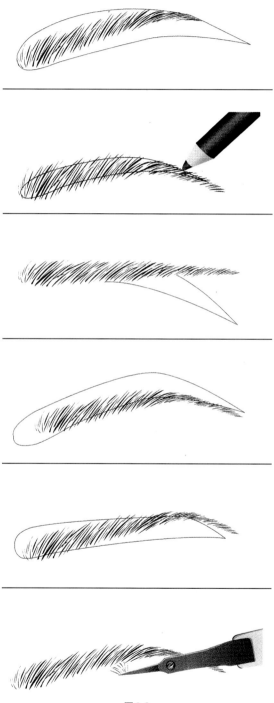

图2.6

3. 不同眉型的矫正

（1）两眉间距过近（向心眉）

特征：两条眉毛向鼻根处靠拢，其间距小于一只眼的长度。使五官显得紧凑、不舒展，给人以严肃、紧绷、心胸狭窄的感觉。

修饰方法：a. 先将眉头处多余的眉毛除掉以加大两眉间的距离；
　　　　　　b. 用眉笔描画时，将眉峰的位置略向后移，眉尾适当加长。

（2）两眉间距过远（离心眉）

特征：两眉头间距过远，大于一只眼的长度。使五官显得分散，容易给人留下不聪明的印象。

修饰方法：a. 重新描画眉头，要自然，不可生硬；
　　　　　　b. 眉峰略向前移，眉梢不要画得过长；

（3）吊眉

特征：眉头位置较低，眉梢上扬。吊眉使人显得有精神，但又会使人显得不够和蔼可亲。

修饰方法：a. 去除眉头下方和眉梢上方多余的眉毛；
　　　　　　b. 加宽眉头上方和眉梢下方的线条，使眉头和眉尾基本在同一水平线上。

（4）挂眉

特征：眉尾和眉头不在同一水平线。这种眉型使人显得亲切，但过于下垂会使面容显得忧郁和苦闷。

修饰方法：去除眉头上方和眉梢下方的眉毛。在眉头下面和眉尾上面的部位要适当补画，尽量使眉头和眉尾能在同一水平线上，或使眉尾略高于眉头。

（5）短粗眉

特征：眉型短而粗。这样的眉型显得粗犷有余，细腻不足，有些男性化。

修饰方法：根据标准眉型的要求将多余的眉毛修掉，然后用眉笔补画出缺少部分，可适当加长眉型。

（6）眉型散乱

特征：眉毛生长杂乱，缺乏轮廓感，使得面部五官不够清晰、明净。

修饰方法：先按标准眉型的要求将多余眉毛去掉，在眉毛杂乱的部位涂少量的专用胶水，然后用眉梳梳顺，再用眉笔加重眉毛的色调，画出相应的眉型。

4. 画眉的要求

（1）描画的眉形应与脸型、个性相协调

（2）眉色应与肤色、妆型相协调

（3）眉毛的描画要虚实相应，左右尽量对称

5. 图例说明

具体眉型如图2.7所示。

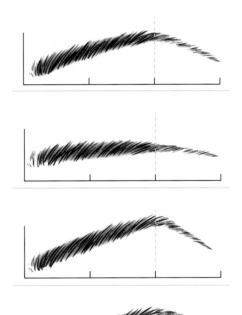
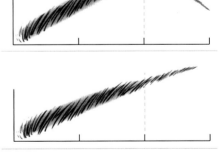

图2.7

二、眼

1. 不同眼型的矫正

对眼睛的修饰主要是通过画眼影、眼线和睫毛等进行眼部的美化。例如利用不同颜色的眼影晕染，可以增加眼部神采，调整眼部结构；粗细不同、长短不一的眼线，可以改变眼睛的形状；不同睫毛的配合，又可以加强眼睛的神韵（图2.8）。

（1）小眼

特征：给人敏捷、干练的感觉，但也会显得淡漠，令人难以琢磨。五官比例协调性不佳。

修饰方法：a. 不宜用眼线液画眼线，眼线可适当加粗、加清晰，可借助睫毛来突出眼睛的神韵，同时也可在眼白上描画白色眼线，让视觉上产生明亮扩张感；

b. 可以采用小烟熏妆；

c. 小眼睛在化妆时尽量不要选用太刺目或另类的颜色，可选择贴近东方人肤色的暖色系色彩，下眼线只画到2/3处；

d. 剪较细的美目贴，紧贴睫毛根部粘贴，先调整内眼角的弧度，再剪一截沿着第一层美目贴粘贴，调整眼尾弧度，使整个眼睛的外围弧度加大，显得更加美观。

（2）上扬眼

特征：上扬眼型内眼角低垂，但外眼角向上飞起，此种眼型给人机敏、聪慧的感觉，但也会显得高傲、严厉，凌厉精明，有距离感。

修饰方法：a. 内眼角的上眼睑处涂以耀目的色彩（外眼角不强调，以柔和的色调轻轻带过即可）；

b. 内眼角的下侧可选用浅亮色提亮；

c. 加宽上眼线内眼角处及下眼线外眼角处，达到视觉上的平衡；

d. 用美目贴将内眼角的外围弧度拉大，可以使眼尾上扬的弧度不是很明显。

（3）下垂眼

特征：与上扬眼的形状相反，此种眼型给人以天真、幼稚、和蔼可亲的印象，但下垂过于明显会显阴险、孤僻，又会有衰老和忧郁的感觉。

修饰方法：a. 可将美目贴贴于上眼睑的外眼角处，令眼部形状得以提升；

b. 可选用鲜亮颜色的眼影进行略向上提升的晕染；

c. 上眼线前细后粗，眼线画的不可过长，加宽外眼角的眼线，眼线可有微微上扬，下眼线斜切与上眼线呼应；

d. 用美目贴调整下垂的眼尾的外围弧度，再依据眼尾的弧度调整内眼角的弧度。

（4）肿眼

特征：上眼皮脂肪较厚，使得上眼睑的厚度很突出，造成肿眼泡的迹象。给人留下简单、纯洁的印象，但也会让人感到呆板，睡眠不足，轮廓感不强。

修饰方法：a. 可选用深色的眼影（咖啡色）；

b. 可用亮色提高眉骨的高度；

c. 可选择较长的假睫毛（消弱肿眼睛眼皮的厚度感）；

d. 描画眼线时内眼角上眼线宽，眼尾向上拉长，眼球中心的眼线尽量减少弧度，增加眼睛的张力；

e. 剪较细的美目贴沿着睫毛根部粘贴，先调整内眼角的弧度，再调整眼尾的弧度，使眼睛的弧度变大一些。

（5）凹陷眼

特征：凹陷眼的眼型与肿眼睛恰巧相反，它具有欧化的风格。眼眶凹陷，较具现代感，但

图2.8

又会有成熟、憔悴的印象。

　　修饰方法：a. 眼影上可选择一些浅白色系的眼影，增加柔和的感觉，眉骨处的色彩不可太刺目；

　　　　　　　b. 眼线应尽量淡化、弱化，描画要自然，柔和；

　　　　　　　c. 根据凹陷眼睛的不同，用美目贴调整眼睛的外围弧度。

（6）圆眼

　　特征：给人天真、可爱、容易接近的感觉，但也会显得大众化，缺乏成熟感。

　　修饰方法：a. 加深外眼角处的眼影（整个眼影的位置不宜过高）；

　　　　　　　b. 眼线的画法可细长一些（增加眼部的长度感）；

　　　　　　　c. 根据圆形眼的外围轮廓调整美目贴的弧度。

（7）单眼皮眼

　　特征：单眼皮常给人以妩媚、女性化的感觉，但又会有眯眼、缺乏神采的印象。

　　修饰方法：a. 画眼影时可采用上下几色并列的画法，眼影的位置可略高，但不可太长，强调下眼睑处的眼影色；

　　　　　　　b. 可贴双眼皮贴，对眼睛进行修饰；

　　　　　　　c. 眼线的画法可采取中间粗，两头细的方法（加强眼睛的宽度和厚度）；

　　　　　　　d. 剪较细的美目贴沿着睫毛根部粘贴，先调整内眼角的弧度，再调整眼尾的弧度，使眼睛的弧度变大一些。

（8）大眼睛

　　特征：给人明亮、华丽的感觉，但神散，五官比例协调性不佳。

　　修饰方法：眼线要精致、精细，睫毛根内眼白处画眼线，缩小眼型，使眼神光聚拢，增加神采。

（9）三角眼

　　特征：不精神，有老年化状态。

　　修饰方法：a. 内眼角黑眼球前侧细致描画眼线在睫毛根内，中部及外侧平拖、清晰、加宽，可有微微上扬感；

　　　　　　　b. 用美目贴沿着双眼皮褶皱线的弧度向上粘贴，先调整内眼角的弧度，再依据内眼角的弧度调整眼尾的弧度。

（10）黑眼球较小

　　特征：迷离有距离感。

　　修饰方法：眼线要描画在睫毛根、眼白内，控制白眼球的扩张性。

（11）对珠眼

　　特征：显得呆滞。

　　画法：弱化眼线，重点突出睫毛，改变其眼神，使之明亮。

（12）内双眼

　　特征：眼睛睁开时，看不见明显的折痕线，而闭上眼睛时，可以看见较浅的折痕线。

　　修饰方法：a. 用美目贴沿着双眼皮折痕线的弧度向上粘贴，将眼睛的外围弧度扩大；

　　　　　　　b. 画精细的眼线，使眼睛看起来更加有神；

　　　　　　　c. 画出层次丰富的眼影效果；

　　　　　　　d. 可以粘贴仿真的假睫毛，使眼睛更加完美。

2. 图例说明

（1）眼线（图2.9、图2.10）。

图2.9

图2.10

（2）眼影（图2.11、图2.12）

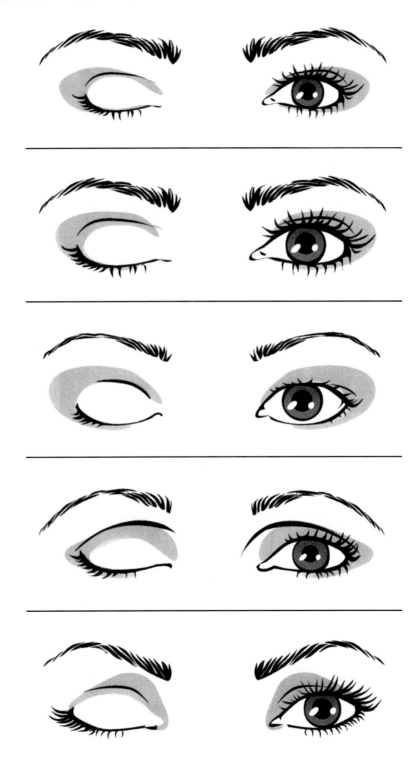

图2.11

图 2.12

（3）眼睫毛（图2.13）

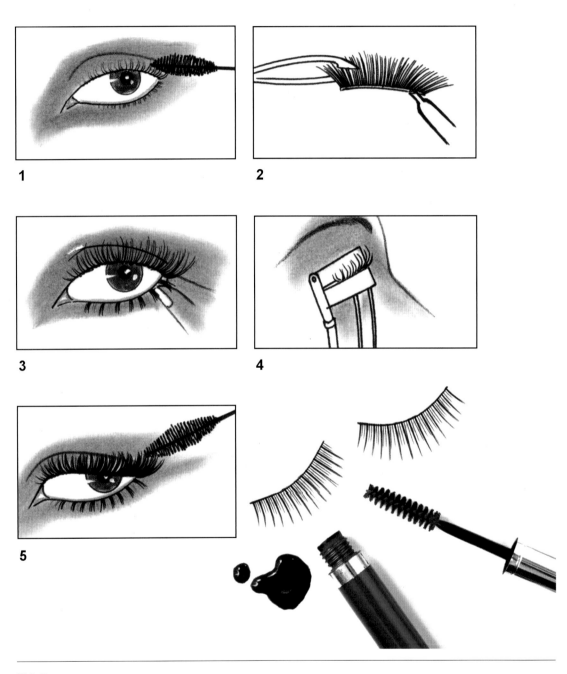

图2.13

Chapter 02

第一部分　基础篇

（4）眼影涂抹示范图（图2.14）

1

2

3

4

5

6

图2.14

（5）整体效果（图2.15）

图2.15

三、唇

1. 唇的结构和类型

嘴唇由皮肤、口轮匝肌、疏松结缔组织及黏膜组成，上唇的正中有一长形凹沟，称人中沟，人中两侧隆起呈堤状的部位为人中嵴，嵴上有两个突起的高峰称唇峰，上下唇黏膜向外延展形成唇红，唇红与皮肤交界处是唇红缘，形态呈弓形，较突出，下沿有明显的轮廓，口唇赤红色部位称唇红。唇红缘与皮肤交界处有一白色的细嵴，称皮肤白线或朱缘嵴。

标准唇型的画法：a. 取一条直线，平均分成6等份；
　　　　　　　　b. 唇谷的位置：在最中间的点作垂线；
　　　　　　　　c. 唇峰的位置在唇角到唇谷的2/3处；
　　　　　　　　d. 唇峰的高度为整个唇的1/6；
　　　　　　　　e. 唇谷的高度为唇峰高度的2/3处（唇底的厚度是唇峰高度的1.5倍）。

2. 不同唇型的矫正

唇型的修饰包括描画唇线和涂抹唇膏两个部分。唇型在矫正前，应用与面部打底相同的、遮盖力较强的粉底色，将原唇的轮廓进行遮盖，然后用蜜粉将其固定，再进行修饰，以便使矫正后的唇型效果自然（图2.16、图2.17）。

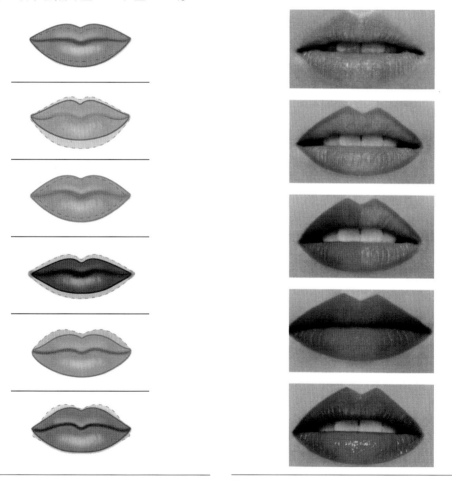

图2.16　　　　　　　　　　　　　图2.17

（1）嘴唇过厚

特征：嘴唇过厚分上唇较厚、下唇较厚及上下唇均厚3种。嘴唇过厚使面容显得不很神气。

修饰方法：a. 保持唇型原有的长度，再用唇线笔沿原轮廓内侧画唇线；

b. 唇膏色宜选用深色或冷色以达到收敛的效果。

（2）嘴唇过薄

特征：嘴唇过薄分上唇较薄、下唇较薄及上下唇均薄3种。嘴唇过薄，唇型缺乏丰润的曲线，使面容显得不够开朗或给人以刻薄的感觉。

修饰方法：a. 在唇周围涂浅色粉底，增加唇部轮廓的饱满感，再用唇线笔沿原轮廓向外扩张。

b. 用暖色、浅色或亮色的唇膏（唇彩）增加唇的饱满感。

（3）嘴角下垂

特征：容易给人留下愁苦的印象，且使人显得苍老。

修饰方法：a. 用粉底遮盖唇线和嘴角，将上唇线向上方提起，嘴角提高，上唇唇峰及唇谷基本不变，下唇线略向内移。

b. 下唇色要深于上唇线，不宜使用较多亮色唇膏。

（4）唇型平直

特征：缺乏表现力，面部不生动。

修饰方法：按标准唇型的要求勾画唇线，然后再涂抹唇膏。

3. 图例说明

具体唇型见图2.18。

四、脸型

在面型理论中，人的脸型通常被分为：椭圆形、圆形、方形、长方形、倒三角形和菱形。其中椭圆形是女性最完美的脸型，它尤其适合媒体造型，无需做矫正处理，其他的面型或多或少地需要修饰。通常修饰的关键都在于使脸型看上去更接近完美，即椭圆形；然而，也要针对具体的情况灵活处理，例如在表现个性的造型化妆中，就要根据模特的个人特征进行特色化妆，这时脸型的矫正就显得不应过于标准（图2.19）。

矫正的手段多采用粉底造影技巧。涂粉底可根据不同需要选用不同的粉底霜，如粉条、干湿粉底中的任何一种，但无论使用何种粉底，都需准备三种颜色：第一种和肤色相近的作为底色；第二种较肤色深的，作为打阴影用；第三种浅色作高光色用。涂抹粉底时，可用手或海绵推匀，并可根据需要选择涂薄或涂厚。如果面部有瑕疵，要选用盖斑膏遮住，再施涂粉底。粉底涂好后，用深色粉底打暗影，以修正脸型（图2.20）。

（1）圆脸型

特征：圆脸型的人常给人以年轻可爱的印象。因整个面庞圆润少棱角，缺少成熟稳重的气质，因此在修正时，我们可以利用色彩的明暗对比及较冷色系的色彩来改变这种印象。

修饰方法如下。

粉底：重点在两腮处，可用比面部基础粉底深几号的阴影色涂于两腮处，制造阴影色，缩减面部的圆润感，并在额部、鼻梁、下巴处涂以亮色。

眉：眉型采用带有棱角的上挑眉。

眼睛：眼影选用冷色，增加成熟感。

腮红：以侧涂的方式来增加颧骨及面颊部位的立体感。

口红：唇型不宜画得太圆太饱满，可选择带有明显唇峰及唇角上扬的唇型。

图2.18

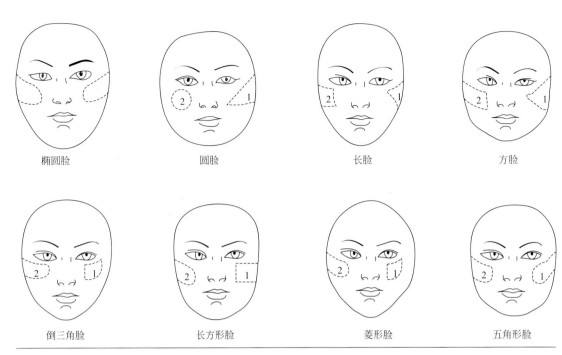

图 2.19

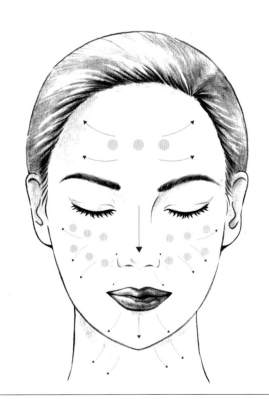

图 2.20

（2）方脸型（田字形脸）

特征：方脸型的人面部棱角分明，一般都有宽阔的前额及方形的颧骨，整体感觉刚硬有余，柔美不足，在修正时可用一些柔和色调的化妆色来增添温柔等女性的气质。

修饰方法如下。

粉底：两腮处暗影的修饰，两额角暗影的修饰，制造圆润的效果。

眉：眉型可采用内柔外刚的方形眉。

眼睛：眼影可选用较暖、较柔和的色彩。

腮红：腮红的位置可略高一些，形状可以三角形晕染。

口红：可画出圆润饱满的唇型。

（3）长方脸型（目字形脸）

特征：长脸型的人容易给人以老成、刻板的印象，整个面部缺乏柔和、生动的感觉，在修饰时可以用一些鲜明的色彩来调整。

修饰方法如下。

粉底：可选用带有浅粉色调的柔和粉底，并在前额及下巴处涂阴影色以调整脸型的长度感。

眉：眉型宜选用平直的一字眉。

眼睛：眼部修饰的重点应在外眼角，并以鲜明的色彩来强调。

腮红：腮红的位置应在颧骨的下方，并作横向晕染。

口红：口红的色彩可以柔和浅淡一些，以此削弱长脸型给人的老成感。

（4）三角脸型（由字形脸）

特征：脸部形状上窄下宽，给人以憨厚可爱的印象，但缺少生动感。

修饰方法如下。

粉底：正三角脸修饰的重点在于较宽的两腮处，可以用阴影色进行遮盖。面部的T形部位用浅亮色进行提亮。

眉：可以选择上扬，带有一定弧度的眉型。

眼睛：眼影修饰的重点可放在外眼角，以此加宽额部宽度。

腮红：腮红作纵向晕染。

口红：可以选用稍带棱角的唇型。

（5）倒三角脸型

特征：俗称"瓜子脸"脸型的额部较宽，但下巴窄而尖，给人以十分女性、秀气的印象，但难免又会有单薄、柔弱的感觉。

修饰方法如下。

粉底：可在前额两侧及较尖的下颌处涂阴影色，在两腮处涂以亮色来修饰。

眉：眉型不宜画得太长，可加重眉头色度。

眼睛：眼影描画的重点应在内眼角处。

腮红：腮红的位置可按颧骨的本来位置作曲线型晕染。

口红：唇型不宜画得太大，并且可选择柔和色调的唇色。

（6）菱形脸型（申字形脸）

特征：上额部位及下颌部较窄，颧骨部位又十分突出，整个脸型显得十分精明、清高，缺少亲切可爱的感觉。

修饰方法如下。

粉底：可往前额部位及下颌处涂亮色，颧骨部位的两侧涂阴影色来修正面型。

眉：眉型不可过于高挑，眉峰的位置可略向后一些。

眼睛：眼影的色彩宜选用浅淡的柔和色调，并将重点放在外眼角。

腮红：涂在颧骨上，以掩饰颧骨的高度。
口红：唇型宜画得圆润、丰满，选择柔和色调的唇膏。

五、鼻型

对于鼻子的修正方法主要是通过画鼻侧影和提亮来修饰，对于不同的鼻型，鼻侧影和提亮的使用也有所不同。

（1）塌鼻梁

特征：鼻梁低平，使面部显得呆板，缺乏立体感和层次感。

修饰：在鼻梁两侧涂抹暗影，上端与眉毛衔接；在眼窝处颜色要深一些并向下逐渐淡化；鼻梁上较凹陷的部位及鼻尖处提亮。

（2）短鼻子

特征：鼻子的长度小于面部的长度的1/3，即常说的"三庭"中的中庭过短，鼻子较短会使五官显得集中，同时鼻子显得较宽。

修饰：鼻侧影的上端与眉毛衔接，下端直到鼻尖，提亮从鼻根处一直涂抹到鼻尖处，要细而长。

（3）鼻子过长

特征：鼻子的长度大于面部的长度的1/3，也就是中庭过长，鼻子过长使鼻型显细，并使脸部显得更长。

修饰：鼻侧影从内眼角旁的鼻梁两侧开始，到鼻翼的上方结束，鼻尖涂阴影色，鼻梁上的亮色要宽一些，但不要在整个鼻梁上涂抹，只需涂抹鼻中部。

（4）鹰钩鼻

特征：鼻尖过长、下垂，面部表情肌运动时下垂更明显，鹰钩鼻往往伴有驼峰鼻畸形。

修饰：鼻根部涂阴影色使其收敛，鼻梁上端过窄的部位涂亮色使其显宽，鼻尖用涂色粉底，鼻中隔用亮色，使其向外延展。

（5）宽鼻

特征：鼻翼的宽度超过面宽的1/5，会使面部缺少秀气的感觉。

修饰：鼻侧影涂抹的位置与短鼻相同，从鼻根至鼻翼处，并在鼻尖部位涂亮色。

（6）左右斜鼻

特征：鼻梁的中心线向左或右歪斜，影响面部的端正感。

修正：鼻子歪斜则应通过加重另一侧阴影的方法来弥补。

项目实践练习素材

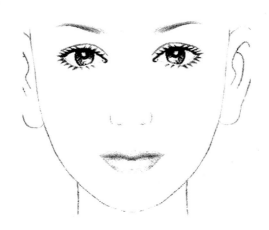

第二部分 实训篇

实训课程要求：根据每个实训项目，安排相应的实操内容，理论教学部分需提供大量的参考图片供学生欣赏与学习；实操部分分为示范演示与技能辅导。可分章节进行小考练习。

第三章 基础妆项目实训

第一节　裸妆

一、裸妆的定义

什么是裸妆？顾名思义，就是看起来仿佛没有化过妆一样的妆容。明明没有丝毫着妆的痕迹，却看起来比平日精致了许多——这就是裸妆给人的第一印象。不论是好莱坞大牌明星，还是走在街上的邻家女孩，裸妆都是近年来盛夏季节的首选妆容。

一个"裸"，其实包容万千。夏季的"裸"与秋冬的"裸"就不一样，夏季强调干净清透，而在秋冬我们更要强调以轮廓线条为基础，以光线明暗勾勒出如经过数字修片过后的超完美肌肤，突显女人面部特征，光彩照人，彰显如同天生成就的美（图3.1）。

裸妆是最贴近生活的化妆，看似简单却最难表现。要将生活中人物美好的潜质充分发掘出来加以提升，故，要求化妆师要有一双敏锐的眼睛，善于观察，善于发现，捕捉化妆对象内在的气质和独特的个性特征，通过形与色的化妆技艺加以表现，而不能"千人一面"的程式化，盲目追求流行，单纯的模仿。

裸妆的"裸"字并非裸露、完全不化妆的意思，而是妆容自然清新，虽然精心修饰，但并无刻意化妆的痕迹，又称为透明状。裸妆的重点在于粉底要薄，只要用淡雅的色彩晕染眼、唇及脸色即可。

裸妆能令肌肤呈现出宛若天然的无瑕美感，彻底颠覆了以往化妆给人的厚重与"面具"的印象，成为时尚美女们倍加宠爱的新潮妆容（图3.2）。

图3.1　　　　　　　　　　　　　　　　　　　　　　　　　　　　　　　　图3.2

二、适宜人群

清透自然的裸妆适合任何人群，特别适合于那些皮肤质地好的女性。现今，网络服饰拍摄的麻豆们适用的化妆形式也以裸妆为主，这也是近几年的流行趋势。

三、适宜场合

裸妆适合任何或休闲或正式的场合，办公室、逛街、约会，甚至参加宴会都可以。只不过，如果是在相对隆重的场合，可以加重眼妆或底妆的修饰（图3.3）。

四、不同的肤色打造完美裸妆

白偏粉肤色：白偏粉的肤色应选择粉色系的粉底，这样看起来会很自然和谐，显得脸色健康得白里透粉，非常柔美娇嫩。这种肤色在彩妆方面的色彩选择余地比较大，很多明快的颜色都很

图3.3

适合。

白偏黄肤色：白偏黄肤色选择杏色基调的粉底是最恰当的，用粉底的颜色来调整自己的肤色就会使你变得更健康动人。整体妆容的色调以柔和的中性色或金色为主色调，会使人看起来既年轻又充满活力。

深偏暗肤色：皮肤偏深一点的人要想达到宛若无痕的完美妆效，最好选择比自己肤色明亮一度的粉底，这样能有一种活力逼人的健康之美。偏棕色的肌肤最能打造出古铜色的性感魅力，不需要过多的修饰就能化出具有国际化味道的完美裸妆。

五、化妆实训的基本步骤

（1）洁肤

（2）修眉

（3）护肤（涂隔离霜或润肤乳）

（4）打底

① 选色：与自己肤色接近的粉底膏或粉底液均匀地涂抹，使肤质细腻光滑，色泽自然。

② 要求：底薄，质感好；注意面部与颈部颜色的统一。

（5）定妆

① 选色：与底色接近的散粉；

② 要求：使用少量的散粉，以保持肤色清淡透明的效果。

（6）眼影

① 选色：年龄偏小→颜色较丰富，较为明亮些的色彩群。

年龄偏大→有局限性，较为稳重、含蓄些的色彩群。

注意：浮肿眼/单眼皮者，比较适用偏中性色或偏冷的颜色，勿使用红色系眼影，以避免眼睛显得浮肿，影响妆容。

② 要求：用色浅淡，深浅有序、过渡均匀。下眼影可根。

（7）眼线

① 选色：黑色/灰/棕；

② 要求：上眼线画得纤细整齐，下眼线可以省略不画或用同色眼影粉在下睫毛根部轻轻晕染，以强调眼睛的清澈透明。

（8）腮红

① 选色：腮红的颜色使用中性偏暖的颜色，例如：浅棕红、浅粉色、浅橙红等，纯度较低，明度较高地颜色适宜在淡妆中使用。肤色偏白→浅粉红；肤色偏黄→浅橙红；肤色偏棕→浅棕红。

② 要求：浅淡，不宜过重，体现健康，面色红润即可。

（9）唇

① 选色：唇色与妆色一致；

② 要求：轮廓清晰、唇色自然；年龄偏小者→唇彩即可，年长者→唇膏较为稳重（唇膏涂完后用纸巾吸去嘴角唇上的油脂，使唇色自然、服帖）。

（10）眉毛

① 选色：棕色/灰；

② 要求：符合脸型的眉型。

（11）睫毛膏

① 选色：黑色；

② 要求：根据模特自身睫毛的优缺点来选择睫毛膏的功能效果（长、短、少）。

（12）检查妆面

六、化妆实训注意事项

1. 粉底

上妆前，粉底选色很重要，在自然光下找出一种接近自己肤色的、较薄的、液状的粉底，或是干湿两用粉底。化妆时，先在海绵上蘸些化妆水，再把粉底直接倒在海绵上，利用海绵推开粉底。这样会比直接用手推均匀得多，会是一种薄薄的感觉。抹开了之后，再补上一层薄薄的蜜粉，有助于固定妆容，在夏天尤其需要。

2. 眉粉要巧用

对于清新自然的裸妆来说，眉笔的化妆痕迹过于明显，用眉刷将自然、颜色浅一号的眉粉轻轻刷在眉毛的尾部，只许按照原有的眉型淡淡描画，不必刻意修饰。完了之后，你可以在眉骨下方打上一些白色亮粉，这样能突出眉骨，整个脸也显得立体起来。

3. 妆型要有神

每一个妆容都要有突出的重点，裸妆也不例外。不像别的妆容一样，对眼部要大肆渲染，裸妆对眼部妆容的要求是明亮清澈。首先在眼睑部位打上一层浅咖啡色的眼影，然后在同样的位置再打上一层略深一点的咖啡色眼影，最后在下眼线上描一道淡淡的咖啡色。这样，整个眼影部分就完成了，和棕色的眼珠配合在一起非常和谐。

睫毛液是明亮眼妆的关键。在刷睫毛时也有一个技巧，那就是上睫毛可刷深一点颜色的睫毛膏，下睫毛可用浅一点的睫毛膏，这样的搭配组合，会让眼睛看起来更明亮有神。为了让妆容看起来清新，眼线就可以免了。

4. 腮红要自然

腮红可以修饰脸颊轮廓，给你健康肤色，或者可爱或者阳光的妆容。即使追求最干净透明的裸妆效果，也千万不要遗漏腮红这一步。我们可以用粉红色的腮红来修饰脸色与脸型。用大号粉刷，将胭脂打在两侧脸颊，刷子越大，刷出的颜色越自然。为了体现肌肤质感，还可以将润肤液轻轻拍在面颊，创造无痕妆容。

5. 唇彩要晶莹

唇彩的化妆最简单。选择一款光泽度很高的透明或者粉色唇彩，制造出一种水润的裸妆效果，你的裸妆就圆满完成了。

6. 发型速配

裸妆最速配的发型是马尾辫，一样的干净，一样的利落，给人非常自然健康的形象。不管你是直发也好，卷发也好，只要高高扎起马尾，都能和裸妆配合得天衣无缝。

清新、略带蓬松随意的卷发也是不错的选择，可以让你看起来更有韵味，不过切记即使是蓬松，也一定要整齐的蓬松，裸妆不适合凌乱的发型。

7. 服饰速配

因为裸妆自然清透的特点，可以搭配任何风格的服饰。晚装打扮或休闲装都可以与裸妆相得益彰。不过，太过华丽的色彩与服装会让裸妆黯然失色，需要配合服装的色彩对妆面的色彩与浓度做少许调整。

七、实训项目演示

裸妆前后效果对比（图3.4、图3.5）

图3.4

图3.5

第一步、头发进行梳理，将脸型裸露（图3.6）
第二步、用卸妆油和化妆棉，将脸部进行清洁（图3.7）
第三步、清洁完毕进行修眉（图3.8）

图3.6

图3.7

图3.8

第四步、贴双眼皮胶（图3.9、图3.10）
第五步、根据肤色进行隔离（图3.11、图3.12）

图3.9　　　　　　　　　　　　　　　　　　　　　　　图3.10

图3.11　　　　　　　　　　　　　　　　　　　　　　　图3.12

第六步、根据不同肤色选择粉底液修饰肤色，使肤色均匀（图3.13、图3.14）
第七步、提亮T区（图3.15、图3.16）

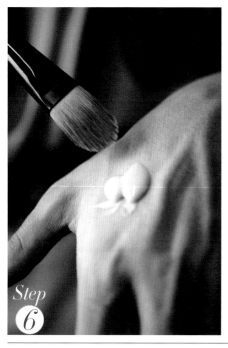

图3.13　　　　　　　　　　　　　　　　　　　　　　　　　　　　　　　　　　图3.14

图3.15　　　　　　　　　　　　　　　　　　　　　　　　　　　　　　　　　　图3.16

第八步、定妆（图3.17～图3.20）

图3.17

图3.18

图3.19

图3.20

第九步、画内眼线（图3.21、图3.22）
第十步、夹睫毛、涂睫毛膏（图3.23、图3.24）

图3.21

图3.22

图3.23

图3.24

第十一步、刷腮红（图3.25、图3.26）
第十二步、画眉毛（图3.27）
第十三步、唇彩（图3.28）

图3.25

图3.26

图3.27

图3.28

完成效果（图3.29、图3.30）

图3.29

图3.30

 **八、裸妆小秘诀**

① 裸妆中的底妆的部分，建议是以薄透、自然的妆效为主，不要选用太白的颜色，那只会让自己看来像戴了面具般不自然。而且，如果你的脸上有瑕疵也不要放任不管，你只需在打完底妆后，用遮瑕膏在这些瑕疵的部位稍加遮盖即可。

② 选择粉底时，首选持久度与保湿度，含有保湿成分的粉底可以给肌肤最好的呵护，肌肤看来也才能饱满有光泽。如果你的肌肤很干，可在上粉底时，在粉底液中加入些许保湿液，如此才会让粉底的妆效显得更加薄透，也更服帖肌肤。

③ 推粉底时，先在两颊、额头、鼻头、下巴处点上粉底液，以海绵或指腹以圆圈方式向四周推匀，建议容易出油的T字部位则以按压的方式来上妆。

④ 在画完眼线后，可用棉花棒或小刷子轻轻晕染之前画过的眼线，如此才会有晕开眼线的效果，看起来也显得自然。或者直接用眼影粉代替眼线笔。

第二节 生活妆

一、生活妆的定义

生活妆又称日妆,用于一般人的日常生活和工作,表现在自然光和柔和的灯光下。它是通过恰到好处的方法,强调突出面容本来所具有的自然美。妆色清淡典雅,自然协调,是对面容的轻微修饰与润色。

二、生活妆的分类

生活妆分为:生活职业妆、生活休闲妆和生活时尚妆。生活妆是一类非常自然真实略带修饰性的妆面,重在展现化妆对象的精神风貌和个性的特征。它应用于人们的日常生活和工作,在自然光条件下可以被别人近距离的观看而不觉得夸张。总体要求清淡柔和,整洁干净,增添化妆对象的自信及魅力。

(1)生活职业妆:注重表现人物的内在修养和性格特征,表现职业丽人整洁干练,端庄稳重的形象(图3.31)。

(2)生活休闲妆:主要表现人物轻松自然舒适的休闲状态,有返璞归真的形象(图3.32、图3.33)。

图3.31

图3.32

图3.33

图3.34

（3）生活时尚妆：要在传统元素中加入流行和时尚元素，更加突出人物与众不同的个性和气质（图3.34）。

三、生活妆的特点

① 手法简洁，应用于自然光线条件之中。

② 对轮廓、凹凸结构、五官等修饰变化不能太过夸张，以清晰、自然，少人工雕琢的化妆痕迹为佳。在遵循原有容貌的基础上，适当地修饰、调整、掩盖一些缺点，总体使人感觉自然，与形象整体和谐。

③ 用色简洁，在原有肤色近似的基础上，用淡雅、自然、柔和的色彩适当美化人们的面部。唇色可以适当采用略夸张艳丽的色彩。

④ 化妆程序可根据需要灵活多变。

四、生活妆实训注意事项

实用性强，决定了化妆的依据，除了考虑化妆对象的自有形象，还要考虑个人的气质、年龄、职业、季节、环境、场合、审美标准等因素，根据不同的化妆风格，用不同的化妆手法。

Chapter 03

五、实训项目演示

 生活休闲妆前后效果对比（图3.35、图3.36）

图3.35

图3.36

第一步、打底（见图3.37）
第二步、定妆（见图3.38）

图3.37

图3.38

第三步、眼影（见图3.39）
第四步、眼线（见图3.40）

图3.39

图3.40

第五步、睫毛（见图3.41）
第六步、眉毛（见图3.42）

图3.41

图3.42

第七步、腮红（见图3.43）
第八步、唇（见图3.44）

图3.43　　　　　　　　　　　　　　　　　　　　　　　　　　　图3.44

完成效果（见图3.45）

图3.45

 六、生活妆小秘诀

1. 脸型修饰

女孩长了胖胖的脸蛋，最常见的办法就是在腮帮子的部位打阴影，通过重心上移法巧妙地利用各部位的不同色彩处理，来伪装胖胖脸，再配以得体的发型，效果就可以媲美磨骨手术了！首先，打立体粉底（T字部位偏白一些、腮和颧骨两侧使用比肤色深2～3号的粉底）；接下来，苹果肌的位置用橘色或粉色（也就是正常腮红的颜色）涂抹，在颧弓下线的位置用浅棕色或咖啡色斜扫（圆脸、方脸都一样）；最后，唇色一定用浅色涂抹，切忌使用深色，会显得重心下移。

2. 嘴角修饰

运用色彩的对比递进将唇角的角度从视觉上提升2～3度！当上唇角下挂的时候，用唇线笔在上唇唇角的部位向上提升一个小弧度；用水红色的唇膏打底，按照唇线笔勾勒出的轮廓涂抹；用深红色（比唇膏底色略深1号）的颜色在唇角部位涂抹，从视觉上收缩唇角。平日搭配日常妆容时，可选择一款米色或是沙滩色的唇膏，总之颜色要接近肤色，用它来涂抹全唇。这样，尽量让唇部成为视觉盲点。

3. 眼部修饰

首先，采用双色晕染的方法，用浅色为整个眼睑打底，但不要选择闪光或珠光效果的浅色眼影；然后，用深色眼影从睫毛根部向上晕染，逐渐淡化到眼睑一半的位置；如果不描画眼线时，可以多刷两遍睫毛膏，让睫毛呈现出异常浓密的效果也会显得眼睛大而明亮。

第三节　化妆与色彩

一、色彩的基本概念

1. 色彩的形成

在五光十色、绚丽缤纷的大千世界里，色彩作为一种最普遍的审美形式，使宇宙万物充满感情，并且显得生机勃勃。色彩存在于我们日常生活的各个方面，衣、食、住、行、用，人们几乎无处、无时不在与色彩发生密切的关系。人类把大自然色彩的启示与自然或人工色料结合起来，使得我们的生活更加多彩多姿。

人类对颜色的使用，最早大约在15万～20万年以前的冰河时期。原始人将红色作为生命的象征，他们认为红色是鲜血的颜色，他们使用红土、黄土涂抹在自己的身体上，以表达对种族的崇拜，蕴涵征服自然的含意。这一现象在原始文化、图腾艺术中均有记载，甚至现在的印第安人等土著部落中仍保留了这一原始的痕迹（图3.46）。

图3.46

光学家对颜色做了如下定义：颜色是除了空间和时间的不均匀性以外的光的一种特性，即光的辐射能刺激视网膜，使观察者通过视觉而获得的景象。在我国的国家标准中，将颜色定义为光作用于人眼引起除形象以外的视觉特性。人类对色彩的认识源自感觉。客观世界的光和声作用于感觉器官，通过神经系统和大脑的活动，我们就有了感觉，对外界事物与现象就有了认识。色彩是与人的感觉（外界的刺激）和知觉记忆、联想、对比等联系在一起的。色彩感觉总是存在于色彩知觉之中，很少有孤立的色彩感觉存在。

2. 光

光是一种电磁波的存在形式。物体的色彩是由光的吸收和反射作用造成的。例如：阳光照在我们的衣服上，有的被衣服吸收了，有的被衣服反射出来，反射出来的色光被眼睛看到就会显示出不同的颜色。

3. 光源

（1）自然光：就是依靠自身的资源发光的物体。
① 阳光
可见光：可见光是电磁波谱中人眼可以感知的部分，波长在380～780纳米之间的电磁波。

不可见光：是指除可见光外其他所有人眼所不能感知的波长的电磁波，包括无线电波、微波、红外光、紫外光、X射线、γ射线、远红外线等。小于380纳米或大于780纳米的电磁波，只有通过仪器来测定。

② 月光：偏冷，偏蓝，冷清。

（2）人造光：是要依靠别的物体发光。

① 光源色：发光体所发出的不同颜色的光，不同的光源会对不同的固有色受到影响。

② 光源色是光源照射到白色、光滑、不透明物体上所呈现出的颜色。

二、色彩的分类

据调查，人类肉眼可以分辨出的颜色大约有1000多种，若要细分它们的差别，或命名这些颜色，是十分困难的。因此，色彩学家将色彩以其不同属性来进行综合描述。要理解和运用色彩，必须掌握色彩归纳整理的原则和方法，而其中最重要的是掌握色彩的属性（见图3.47）。

1. 从理论上色彩可分为有彩色系、无彩色系和独立色系

（1）有彩色系：光谱上所出现的所有颜色。

（2）无彩色系：黑、白、不同程度的灰（图3.47）。

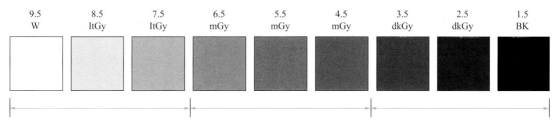

图3.47

（3）独立色系：带金属味道的金银色。

2. 根据人类的心理和视觉判断，色彩有冷暖之分

（1）暖色系（红、橙、黄）

（2）冷色系（蓝、蓝绿、蓝紫）

（3）中性色系（绿、紫、赤紫、黄绿等）

其中有彩色系包含：原色、间色、复色。

原色：不能用其他色混合而成的色彩叫原色。用原色却可以混合出其他色彩。

色彩有两个原色系统：色光的三原色、色素的三原色。

间色：任何两个原色组合成的颜色叫间色。

一次间色：由两种原色等量分配调出的颜色。

二次间色：由两种原色不等量分配调出的颜色。

复色：间色和间色混合调配出的颜色。

三、色彩的三要素

色彩的三要素是指色相、纯度（即饱和度）、明度。

色相就是颜色的相貌，是色彩的最大特征，代表了不同色彩的相貌或名称。纯度即饱和度，指颜色的强度或纯度，越鲜艳的颜色纯度越高；越灰暗的颜色纯度越低。明度是颜色的相对明暗程度，越浅的颜色明度越高；越深的颜色明度越低。

四、色彩的各种属性

1. 色调

也称色彩的调子,是色彩的基本倾向,也是色彩的重要特征(图3.48)。

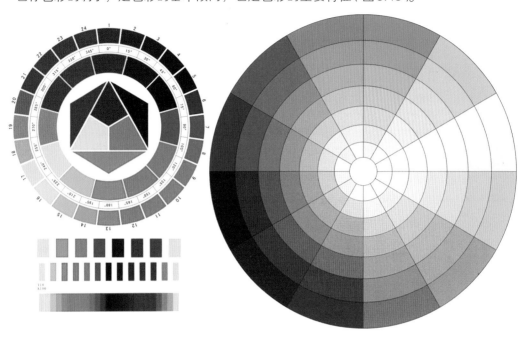

图3.48

色调的分类:
(1)从色相上分有红色调、蓝色调、绿色调、黄色调等。
(2)从明度上分为高明度色调、中间明度色调、低明度色调等。
(3)从纯度上分为清色调(纯色加白)、浊色调(纯色加灰)、暗色调(纯色加黑)。
(4)从色彩的色性分为冷色调和暖色调。

2. 同类色

是指在色环中,取任何一种颜色加黑白或加灰而形成的色彩,所构成的一系列色系称为同类色(柔和,含蓄,有亲和力)。

3. 邻近色

是指在色相环中处于30°~60°之间的左右邻近色(稳定、和谐、安定感)。

4. 对比色

是指在色相环中处于120°~150°之间的任何两色(活泼、明快,对比鲜明,并产生强烈的刺激感)。

5. 互补色

位于色相环直径两端的色彩,即为互补色。处于180°的对立位置(强烈、鲜明、充实、有运动感)。

五、色彩的感觉

不同波长色彩的光信息作用于人的视觉器官，通过视觉神经传入大脑后，经过思维，与以往的记忆及经验产生联想，从而形成一系列的色彩心理反应（图3.49、图3.50）。

Named	Numeric	Color Name		Hex RGB	Decimal
		LightPink	浅粉红	#FFB6C1	255,182,193
		Pink	粉红	#FFC0CB	255,192,203
		Crimson	猩红	#DC143C	220,20,60
		LavenderBlush	脸红的淡紫色	#FFF0F5	255,240,245
		PaleVioletRed	苍白的紫罗兰红色	#DB7093	219,112,147
		HotPink	热情的粉红	#FF69B4	255,105,180
		DeepPink	深粉红	#FF1493	255,20,147
		MediumVioletRed	适中的紫罗兰红色	#C71585	199,21,133
		Orchid	兰花的紫色	#DA70D6	218,112,214
		Thistle	蓟	#D8BFD8	216,191,216
		Plum	李子	#DDA0DD	221,160,221
		Violet	紫罗兰	#EE82EE	238,130,238
		Magenta	洋红	#FF00FF	255,0,255
		Fuchsia	灯笼海棠(紫红色)	#FF00FF	255,0,255
		DarkMagenta	深洋红色	#8B008B	139,0,139
		Purple	紫色	#800080	128,0,128
		MediumOrchid	适中的兰花紫	#BA55D3	186,85,211
		DarkViolet	深紫罗兰色	#9400D3	148,0,211
		DarkOrchid	深兰花紫	#9932CC	153,50,204
		Indigo	靛青	#4B0082	75,0,130
		BlueViolet	紫罗兰的蓝色	#8A2BE2	138,43,226
		MediumPurple	适中的紫色	#9370DB	147,112,219
		MediumSlateBlue	适中的板岩暗蓝灰色	#7B68EE	123,104,238
		SlateBlue	板岩暗蓝灰色	#6A5ACD	106,90,205
		DarkSlateBlue	深板岩蓝蓝灰色	#483D8B	72,61,139
		Lavender	熏衣草花的淡紫色	#E6E6FA	230,230,250
		GhostWhite	幽灵的白色	#F8F8FF	248,248,255
		Blue	纯蓝	#0000FF	0,0,255
		MediumBlue	适中的蓝色	#0000CD	0,0,205
		MidnightBlue	午夜的蓝色	#191970	25,25,112
		DarkBlue	深蓝色	#00008B	0,0,139
		Navy	海军蓝	#000080	0,0,128
		RoyalBlue	皇家蓝	#4169E1	65,105,225
		CornflowerBlue	矢车菊的蓝色	#6495ED	100,149,237
		LightSteelBlue	淡钢蓝	#B0C4DE	176,196,222
		LightSlateGray	浅石板灰	#778899	119,136,153
		SlateGray	石板灰	#708090	112,128,144
		DodgerBlue	道奇蓝	#1E90FF	30,144,255
		AliceBlue	爱丽丝蓝	#F0F8FF	240,248,255
		SteelBlue	钢蓝	#4682B4	70,130,180
		LightSkyBlue	淡天蓝色	#87CEFA	135,206,250
		SkyBlue	天蓝色	#87CEEB	135,206,235
		DeepSkyBlue	深天蓝	#00BFFF	0,191,255
		LightBlue	淡蓝	#ADD8E6	173,216,230
		PowderBlue	火药蓝(?)	#B0E0E6	176,224,230
		CadetBlue	军校蓝	#5F9EA0	95,158,160
		Azure	蔚蓝色	#F0FFFF	240,255,255
		LightCyan	淡青色	#E0FFFF	224,255,255
		PaleTurquoise	苍白的绿宝石	#AFEEEE	175,238,238
		Cyan	青色	#00FFFF	0,255,255
		Aqua	水绿色	#00FFFF	0,255,255
		DarkTurquoise	深绿宝石	#00CED1	0,206,209
		DarkSlateGray	深石板灰	#2F4F4F	47,79,79
		DarkCyan	深青色	#008B8B	0,139,139
		Teal	水鸭色	#008080	0,128,128
		MediumTurquoise	适中的绿宝石	#48D1CC	72,209,204
		LightSeaGreen	浅海洋绿	#20B2AA	32,178,170
		Turquoise	绿宝石	#40E0D0	64,224,208
		Aquamarine	绿玉，碧绿色	#7FFFD4	127,255,212
		MediumAquamarine	适中的碧绿色	#66CDAA	102,205,170
		MediumSpringGreen	适中的春天的绿色	#00FA9A	0,250,154
		MintCream	薄荷奶油	#F5FFFA	245,255,250
		SpringGreen	春天的绿色	#00FF7F	0,255,127
		MediumSeaGreen	适中的海洋绿	#3CB371	60,179,113
		SeaGreen	海洋绿	#2E8B57	46,139,87
		Honeydew	蜂蜜	#F0FFF0	240,255,240
		LightGreen	淡绿色	#90EE90	144,238,144
		PaleGreen	苍白的绿色	#98FB98	152,251,152
		DarkSeaGreen	深海洋绿	#8FBC8F	143,188,143
		LimeGreen	酸橙绿	#32CD32	50,205,50
		Lime	酸橙色	#00FF00	0,255,0

图3.49

颜色	英文名	中文名	十六进制	RGB
	ForestGreen	森林绿	#228B22	34,139,34
	Green	纯绿	#008000	0,128,0
	DarkGreen	深绿色	#006400	0,100,0
	Chartreuse**	查特酒绿	#7FFF00	127,255,0
	LawnGreen	草坪绿	#7CFC00	124,252,0
	GreenYellow	绿黄色	#ADFF2F	173,255,47
	DarkOliveGreen	深橄榄绿	#556B2F	85,107,47
	YellowGreen	黄绿色	#9ACD32	154,205,50
	OliveDrab	橄榄土褐色	#6B8E23	107,142,35
	Beige	米色(浅褐色)	#F5F5DC	245,245,220
	LightGoldenrodYellow	浅秋麒麟黄	#FAFAD2	250,250,210
	Ivory	象牙	#FFFFF0	255,255,240
	LightYellow	浅黄色	#FFFFE0	255,255,224
	Yellow	纯黄	#FFFF00	255,255,0
	Olive	橄榄	#808000	128,128,0
	DarkKhaki	深卡其布	#BDB76B	189,183,107
	LemonChiffon	柠檬薄纱	#FFFACD	255,250,205
	PaleGoldenrod	灰秋麒麟	#EEE8AA	238,232,170
	Khaki	卡其布	#F0E68C	240,230,140
	Gold	金	#FFD700	255,215,0
	Cornsilk	玉米色	#FFF8DC	255,248,220
	Goldenrod	秋麒麟	#DAA520	218,165,32
	DarkGoldenrod	深秋麒麟	#B8860B	184,134,11
	FloralWhite	花的白色	#FFFAF0	255,250,240
	OldLace	老饰带	#FDF5E6	253,245,230
	Wheat	小麦色	#F5DEB3	245,222,179
	Moccasin	鹿皮鞋	#FFE4B5	255,228,181
	Orange	橙色	#FFA500	255,165,0
	PapayaWhip	番木瓜Whip(?)	#FFEFD5	255,239,213
	BlanchedAlmond	漂白的杏仁	#FFEBCD	255,235,205
	NavajoWhite	Navajo白(？)	#FFDEAD	255,222,173
	AntiqueWhite	古代的白色	#FAEBD7	250,235,215
	Tan	晒黑	#D2B48C	210,180,140
	BurlyWood	结实的树	#DEB887	222,184,135
	Bisque	(乳脂,番茄等的)浓汤	#FFE4C4	255,228,196
	DarkOrange	深橙色	#FF8C00	255,140,0
	Linen	亚麻布	#FAF0E6	250,240,230
	Peru	秘鲁	#CD853F	205,133,63
	PeachPuff	桃色	#FFDAB9	255,218,185
	SandyBrown	沙棕色	#F4A460	244,164,96
	Chocolate	巧克力	#D2691E	210,105,30
	SaddleBrown	马鞍棕色	#8B4513	139,69,19
	Seashell	海贝壳	#FFF5EE	255,245,238
	Sienna	黄土赭色	#A0522D	160,82,45
	LightSalmon	浅鲜肉(鲑鱼)色	#FFA07A	255,160,122
	Coral	珊瑚	#FF7F50	255,127,80
	OrangeRed	橙红色	#FF4500	255,69,0
	DarkSalmon	深鲜肉(鲑鱼)色	#E9967A	233,150,122
	Tomato	番茄	#FF6347	255,99,71
	MistyRose	薄雾玫瑰	#FFE4E1	255,228,225
	Salmon	鲜肉(鲑鱼)色	#FA8072	250,128,114
	Snow	雪	#FFFAFA	255,250,250
	LightCoral	淡珊瑚色	#F08080	240,128,128
	RosyBrown	玫瑰棕色	#BC8F8F	188,143,143
	IndianRed	印度红	#CD5C5C	205,92,92
	Red	纯红	#FF0000	255,0,0
	Brown	棕色	#A52A2A	165,42,42
	FireBrick	耐火砖	#B22222	178,34,34
	DarkRed	深红色	#8B0000	139,0,0
	Maroon	栗色	#800000	128,0,0
	White	纯白	#FFFFFF	255,255,255
	WhiteSmoke	白烟	#F5F5F5	245,245,245
	Gainsboro	Gainsboro(?)	#DCDCDC	220,220,220
	LightGrey	浅灰色	#D3D3D3	211,211,211
	Silver	银白色	#C0C0C0	192,192,192
	DarkGray	深灰色	#A9A9A9	169,169,169
	Gray	灰色	#808080	128,128,128
	DimGray	暗淡的灰色	#696969	105,105,105
	Black	纯黑	#000000	0,0,0

图 3.50

1. 色彩的冷、暖感

色彩本身并无冷暖的温度差别,是视觉色彩引起人们对冷暖感觉的心理联想。

暖色:人们见到红、红橙、橙、黄橙、红紫等色后,马上联想到太阳、火焰、热血等物像,产生温暖、热烈、危险等感觉(图3.51)。

图3.51

冷色：见到蓝、蓝紫、蓝绿等色后，则很易联想到太空、冰雪、海洋等物像，产生寒冷、理智、平静等感觉。

中性色：绿色和紫色是中性色。黄绿、蓝、蓝绿等色，使人联想到草、树等植物，产生青春、生命、和平等感觉。

2. 色彩的前进、后退感

同一背景，面积相同的物体由于色彩的不同有些给人以前进的感觉，有些给人后退的感觉。高明度与暖色有突出向前的感觉，低明度与冷色有后退的感觉（图3.52）。

3. 色彩的轻重、软硬感

能使人看起来有重量的感觉，一般来说，明度越高感觉越轻，明度越低感觉越重。在无彩色系中，黑白具有坚硬感，灰色具有柔和感；在有彩色系中，冷色具有坚硬感，暖色具有柔和感，对比强的色彩有重量感，对比弱的色彩有轻盈感。

4. 色彩的距离感

色彩能够产生距离感，一般纯色调显得距离近，浊色调显得距离远，对比度强的颜色显得距离近，对比度弱的颜色显得距离远，高明度纯色显得距离近，低明度浊色显得距离远。从整

图3.52

体上看，暖色相、高明度、高纯度、强对比的色有前进感、膨胀感；冷色相、低明度、低纯度、弱对比的色有后退感、收缩感。

5. 色彩的华丽、质朴感

色彩可以给人以华丽辉煌之感，相反也可以给人以质朴平实感。纯度对色彩的这种感觉影响最大，明度、色相则其次。总体而言，纯度高的色华丽，纯度低的朴素；明度方面，色彩丰富、明亮呈华丽感，单纯、浑浊深暗色呈现质朴感。在实际配色中，金银色虽华丽但可以通过黑白的加入，使其朴素；同样，如有光泽色的渗入，一般色彩也能获得华丽的效果（图3.53）。

6. 色彩的活泼、庄重感

暖色、高纯度色、丰富多彩色、强对比色感觉跳跃、活泼有朝气，冷色、低纯度色、低明度色感觉庄重、严肃。

7. 色彩的兴奋与沉静感

其影响最明显的是色相，红、橙、黄等鲜艳而明亮的色彩给人以兴奋感，蓝、蓝绿、蓝紫等色使人感到沉着、平静。绿和紫为中性色，没有这种感觉。纯度的关系也很大，高纯度色兴奋感，低纯度色沉静感。最后是明度，暖色系中高明度、高纯度的色彩呈兴奋感，低明度、低纯度的色彩呈沉静感。

图3.53

六、实训项目演示

色彩妆前后效果对比（图3.54、图3.55）

图3.54　　　　　　　　　　　　　　　　　　　　　　　　　　图3.55

第一步、粉底（图3.56）
第二步、粉扑定妆（图3.57）

图3.56　　　　　　　　　　　　　　　　　　　　　　　　　　图3.57

第三步、眼影（浅色从眼头开始）（图3.58）
第四步、眼影（深色加重眼尾）（图3.59）
第五步、眼影（用第二种颜色加重眼尾）（图3.60）
第六步、眼影（用第三种颜色进行变幻）（图3.61）

图3.58

图3.59

图3.60

图3.61

第七步、腮红（图3.62）
第八步、眼线（图3.63）
第九步、睫毛（可使用夸张型假睫毛）（图3.64、图3.65）

图3.62

图3.63

图3.64

图3.65

第十步、眉毛（淡化）（图3.66）
第十一步、检查妆面（主要检查眼妆）（图3.67、图3.68）
第十二步、唇部（淡化）（图3.69）

图3.66

图3.67

图3.68

图3.69

最终效果（图3.70）

图3.70

七、色彩妆小秘诀

1. 左右搭配法

将上眼睑分左右两部分进行涂抹，即靠近眼角涂一种颜色，靠近外眼角涂另一种颜色，中间过渡要自然柔和，此种搭配法色彩效果突出，修饰性强。

2. 上下搭配法

用黄色眼影为上眼睑润色，黄色能让亚洲人的肤色与绿色眼影结合得更自然，再用绿色在双眼皮区域，以眼尾为重点进行涂抹。遵循前窄后宽，前浅后深的原则，将深色眼影涂在下眼睑泪腺范围内，还可以用比较便捷的眼线笔进行勾画，再用笔的尾端进行晕染。

Chapter 03

第二部分　实训篇

第四章
主题妆项目实训

第一节　主持妆

一、主持妆的定义

主持妆包括广播电视节目主持人、播音员和电视、网络视频广告形象代言人等人物的妆扮，是一种影视妆的广播电视形象妆，是一种知名人士的形象艺术妆。由于有强光的照射，这类妆色需要采用色泽饱和、鲜艳的色彩，轮廓刻画清晰，结构修饰自然。既要与整体形象协调，又要达到美化的目的，个性的体现也是妆容表现的重要内容。

二、主持妆分类

根据节目类型及受众人群将主持妆分为：经济类节目主持人妆、娱乐类节目主持人妆、青少年类节目主持人妆、体育类节目主持人妆、科技教育类主持人妆、新闻政治类节目主持人妆、综艺类节目主持人妆。

三、各类主持人造型要点

1. 新闻政治类节目主持人妆

代表节目：新闻联播、焦点访谈、国际观察、法制在线、晚间新闻等。

要求：五官的轮廓比较突出，淡化色彩（如眼影、腮红），严谨的场合都是这种发型、妆容。

男主播在于毛发的化妆——眉毛和发型。

操作重点：由于需要上镜，尽量不要大面积使用高珠光眼影，可使用偏肤色的眼影，适当使用微珠光的眼影及阴影色。

2. 娱乐节目主持人妆

代表节目：快乐大本营、幸运52、天天向上、我爱记歌词、每日文娱播报、娱乐现场、影视同期声等。

要求：打扮漂亮，突出个性的妆容，时尚、年轻漂亮（图4.1）。

图 4.1

3. 青少年类节目主持人妆

代表节目：七巧板、第二起跑线、大风车、东方儿童等。

要求：是小朋友喜欢的形象，显得可爱、活力四射（图4.2）。

4. 体育类节目主持人妆

代表节目：体育新闻、赛车时代、天下足球、体坛快讯等。

要求：类似新闻政治类，但尺度可以放宽。有场地、环境的影响，化妆可以轻松自然，富有活力。

图4.2

5. 科技教育类主持人妆

代表节目：天工开物、科学世界、子午书简等。

要求：主持人的感觉比较有书卷气，文静，秀气。

6. 经济类节目主持人妆

代表节目：为您服务、交换空间、健康之路等。

要求：要生活化。

7. 综艺类节目主持人妆

代表节目：春节联欢晚会、五一特别晚会，大型歌舞晚会等。

要点：与娱乐主持的妆容类似，但比娱乐的更华丽、优雅、大方不显老气（见图4.3）。

图4.3

四、妆容打造主要依据

① 主持人主持什么节目
② 电视节目的受众群体
③ 个人的脸型、外表身体特征、气质风格等

娱乐节目主持人个性和受众一样重要，由于娱乐节目紧跟时尚潮流，主题多变，要求娱乐主持人的造型要多变不雷同；新闻政治类的变化小，甚至有几十年不变的情况。

五、实训项目演示

主持人妆前后效果对比（见图4.4、图4.5）

图4.4　妆前

图4.5　妆后

第一步、完成基础打底后画上眼线（图4.6）
第二步、画下眼线（图4.7）
第三步、画大地色眼影（图4.8）

图4.6　　　　　　　　　　　图4.7　　　　　　　　　　　图4.8

第四步、粘贴假睫毛，刷睫毛膏（选择自然不夸张的睫毛，可以选择无梗的）（图4.9 ~ 图4.12）

图4.9　　　　　　　　　　　　　　　　　　　　　　　图4.10

图4.11　　　　　　　　　　　　　　　　　　　　　　　图4.12

第五步、画下眼线提亮,从下内眼睑往中间画(图4.13)
第六步、腮红(图4.14)
第七步、上唇彩(图4.15)

图4.13

图4.14

图4.15

最终效果(图4.16、图4.17)

图4.16

图4.17

第二节 舞台妆

一、舞台妆的概念

在舞台剧或影视剧中，演员是去扮演一个特定的角色，化妆的目的是努力使演员在外形上接近这一角色，因此在化妆前，化妆师必须深入分析每一个角色的身份、地位、个性等，然后再进行人物形象的设计。一个演员常常要扮演各种不同的角色，化妆师就必须让他演什么像什么，做到"一人千面"。

舞台化妆是塑造人物形象的艺术手段，一是以美化对象的仪表为目的，二是以塑造角色的外貌形象为目的。这类化妆需要根据剧本或剧中的要求，按照角色的身份、年龄、民族、性格等因素塑造角色的外部形象。由于剧种、剧目和导演的要求不同，化妆的手法样式也各有差异，产生的效果也各不同。其中有夸张性、装饰性、寓意性、也有象征性（图4.18）。

图4.18

二、舞台妆的画法

舞台妆的画法和平常的彩妆师不同的，舞台妆就一个字：浓！或画很多层。可能这种妆画完后自己看起来有点恐怖，也不是很好看，但是在舞台上就有效果了。舞台那么大，观众坐得那么远，灯又那么强，妆一定要浓。粉一定要打，不然灯光照射下脸看起来就会油油的。腮红必不可少，整个人就很有气色了。眼睛也是舞台妆很重视的一个环节，要画多层，才会看得出来。上下眼线都要画，才让眼睛在舞台上看起来有神又深邃。手法技巧和平时都差不多，就是要画浓。

所有颜色及线条均比平常彩妆夸张浓重，主要重点是夸张地突显主要五官，让观众在台下也能清楚地看到脸上的轮廓与身材。舞台妆的技术性较强，它要掌握一定的科学和技术知识，把色彩、明暗效果与塑型、毛发粘贴等实物造型材料结合起来，成为真假结合、平面与立体并用的特殊综合性造型手段（图4.19）。

油彩化妆是舞台化妆的基本技法。油彩造型即用色彩、线条、明暗对比的技巧在脸上画出来，结合舞台的灯光的塑造能力，以及利用演员与观众之间的空间距离造成的错觉来塑造角色的形象。

图4.19

三、舞台妆的化妆步骤

1. 洁肤

化妆前做好清洁，即使脸上不脏也要洗脸。常有人觉得早上已经洗过脸了，到了下午准备上妆时，还需要再洗脸吗？或是早晨起床时，脸部肌肤并不会很脏，只要用清水冲冲脸就行了？其实，即使是待在家中没有任何活动，经过漫长的夜晚，一觉醒来，脸部依然会觉得油油的，这是因为肌肤新陈代谢的作用，会使肌肤分泌油脂及排出一些废物，若只用清水冲洗，是没有办法将脸上污垢完全带离肌肤表面的，所以建议还是利用含有清洁粒子的洁面品，不但能渗透清洁肌肤表面脏污，还可借手指的按摩动作，刺激脸部肌肤，促进血液循环。

2. 底妆

常见的底妆包括粉底液、粉底膏、粉饼、蜜粉饼、粉条等。粉底液、粉底膏通常需要搭配蜜粉，才能达到定妆的效果，也就是上完后再扑上蜜粉，两用粉饼可以单独使用、或是作为补妆使用，蜜粉饼又称为压缩蜜粉，顾名思义是蜜粉压制的，质地比两用粉饼轻柔，单擦时比较看不出化了妆。粉条则是依厂牌不同而有厚薄不一的区别，可以视对妆容的需求搭配蜜粉，但是比较需要技巧才能上得均匀又完美！由于化妆能够强调与衬托皮肤及五官的自然美，因此正确的化妆技巧对美容而言是非常重要的。化妆的作用在于借助化妆技巧来发挥长处，掩饰短处，使原本漂亮的部分更加出色，而使原本并不漂亮的部分变得更漂亮。

3. 正确的选择化妆色彩

针对脸部轮廓与肤色、发色以及眼睛颜色选用相配而又调和的色彩。将脸上浓淡不一的色彩均匀的与肤色融合，避免造成界线分明的情形。深颜色的化妆品有掩饰或遮盖的效果。例如在面颊外侧涂抹深色腮红可使圆胖的脸看起来瘦长一些；淡颜色的化妆品可增加目标的显著性；例如深陷的眼睛在涂抹淡亮的底妆之后可获得相当戏剧化的良好效果；棕色的眼睛可选用柔和的棕色或巧克力色眼影；黑色的眼睛则可以选择任何色彩的眼影。也要配合衣服来选择彩妆的色彩

4. 肤色与色彩的运用

粉红色与蓝色→适于玫瑰色与粉红色皮肤；桃红色与土棕色→适于黄色与灰棕色皮肤；鲜红色与金黄色→适于晒后褐色皮肤；桃红色与橘黄色→适于深棕色皮肤；棕色、蓝色与粉红色→适于肤色偏灰的中性皮肤（图4.20）。

5. 额头

额头的美化，使眉毛变细，小心谨慎地运用拔除技巧，在增大额头空间的同时，保持发线的自然弯曲；额头过大之美化，利用发型来覆盖部分额头，在额头两侧涂比脸部化妆更深的底妆；圆形额头的美化以并行线的涂抹方式在额头中央涂比脸部化妆更深的底妆；扁平额头的美化在额头上半部涂抹淡亮的底妆，而在额头的下半部与眉毛之间涂抹较深颜色的底妆。

6. 眉毛与眼睛

眼睛深陷之美化，在上下眼皮涂抹淡亮的底妆或眼影，拔除眉毛的下半部，然后用眉笔将眉毛的上半部加大，增加眉毛与眼睛的距离，由下往上的动作在眼皮中央涂抹淡亮颜色的眼影，并将眼影延伸到眼角，不要涂上深色眼影或眼线，

图4.20

以及装上假睫毛，否则会使眼睛看起来更小。

7. 眼皮下垂之美化

在睫毛上方涂上较深色的眼影，睫毛上方画一条细而黑的眼线，并延深至眼角。在眼角处以短促而上扬的笔触完成眼线，眉毛部分稍微往上扬。

8. 圆宽眼睛之修正

从眼角内侧到眼角外侧用深色眼影画一条线。逐渐加大这条线，止于眼角外侧处以向上V字形指向眉尖。按照这条线的弯曲度来划出相同弯曲度的眉毛，涂上睫毛膏朝向眼角并向太阳穴卷起。眉毛之整修一般来说，眉毛的位置应该在眼睛上方弓形的骨头之上，从眼角内侧渐渐沿着眼睛弯曲度而弯曲。眉毛的最高点应在瞳孔的正上方，向外逐渐尖细。眉毛的终点应该略超过眼角的外侧即可。眉尖应略为上扬。两眉之间的距离应约等于一个眼睛的宽度。从眼角内侧向上画一条垂直线与眉毛的相交点即为眉毛的起点。

9. 鼻子

鼻子太长之美化，在鼻子尖部涂抹深色底妆，可使鼻子看起来不会太长；鼻子太宽太大之美化，在鼻梁上涂抹深色底妆并向鼻侧散开；鼻子太短之美化，在鼻梁上涂抹淡亮颜色的底妆并向鼻尖延伸。

10. 嘴巴

嘴巴太大之美化，根据嘴巴的大小，将上下唇的尺寸各减少原来的1/8或/1/6；嘴巴太小之美化，先用唇笔将嘴角延伸，画出轮廓，然后涂上鲜艳色彩的口红；嘴角下陷之美化，先画出上唇之唇线使嘴角上扬，加宽下唇的中央部分，然后用较深颜色的口红涂满轮廓；嘴巴太厚之美化，先在正常尺寸的嘴唇轮廓内涂抹深色口红，然后沿着外缘涂抹较浅颜色的口红，需两种口红的颜色差异几乎分辨不出，使嘴唇在视觉效果上得到改变；嘴唇太薄之美化，用深色口红画出嘴巴轮廓，不要夸张自然的弯度，然后在轮廓内以浅色的口红涂满。

11. 面颊

面颊过于丰满之美化，从颧骨中央至下颚骨画一条粗线深色底妆；凹陷面颊之美化，在颧骨下方以并行线涂抹深色底妆，而在并行线下至脸部的下半部涂抹浅色底妆。

12. 颚线

下颚太宽之美化，从耳垂到下巴中央涂抹深色底妆并与颚部与颈部上方融合为一；下颚太方之美化，从耳垂到面颊中央涂抹水平线深色底妆，向下延伸至颚骨；下颚突出之美化，整个下颚部涂抹深色底妆；双下巴之美化，在双下巴部位涂抹深色底妆。

第三节　晚宴妆

一、晚宴妆的概念

晚宴妆顾名思义，在晚宴上适应的妆面。通常用于夜晚、较强的灯光下和气氛热烈的场合，显得华丽而鲜明。妆色要浓而艳丽，五官描画可适当夸张，重点突出深邃明亮的迷人眼部和饱满性感的经典红唇。

晚宴妆在手法上运用最多的就是大小烟熏，几乎所有东方女性都适合。因为东方女性本身眼窝就不会像西方人那样深邃，使用烟熏妆来凸显眼睛的层次，效果是恰到好处。反而本来眼窝就深的西方女性化烟熏妆，就会显得比较夸张了。

尤其对于三角眼睛或眼皮浮肿一族，由于眼尾的线条往往比较直，没有弧度，让人感觉眼尾是下垂的，整个眼睛看起来完全没有线条的变化，很生硬。应该从眼睑中部开始，以烟熏妆的方式加强眼部线条弧度，并不是单单提升眼尾，这样看起来会自然一点（图4.21）。

一般而言，晚宴妆似乎总给人一种比较夸张的印象，其实这跟选用的眼影以及上妆的轻重有关系，在夸张烟熏妆的基础上发展出来的"小烟熏妆"，则是更多考虑到了普通人的需要，更多采用单色眼影，贴近肌肤本色，塑造一种妩媚而不过分张扬的感觉。

二、晚宴造型的分类

随着现代人社交活动的增加，参加各种社交聚会、晚宴的机会增多，优雅华丽的环境、讲究得体的服装服饰、恰到好处的化妆，成为人们展现自身个性风采的方式，晚宴妆不仅可以扬长避短，充分展现女性的优美风姿，更代表一种礼仪，表现出对他人的尊重。不同的社交场合，可以展现不同风格的晚宴妆造型，与环境、气氛浑然一体。

根据出席场合的性质不同，可将晚宴妆做如下分类。

1. 公务型晚宴妆

出席较为严肃的正式宴会，造型不宜夸张，线条柔和自然，妆色宜选择含蓄典雅，中低明度和纯度的色彩，塑造端庄高贵的形象，适合用小烟熏妆（图4.22）。

图4.21

图4.22

2. 派对型晚宴妆

出席气氛较为轻松、热烈的酒会，造型可以适当夸张，妆色可选择时尚流行色彩，塑造或轻松浪漫，或冷艳妩媚的形象，但不宜过于怪异（图4.23）。

3. 另类型晚宴妆

风格各异的舞会，造型可以发挥大胆的想象，标新立异，采用强对比的色彩来表现热情活泼的气氛，突出化妆对象的个性特征（图4.24）。

4. 新娘晚宴妆

主题为新娘本人，出席婚礼晚宴，配合酒宴场所可适当华贵脱俗，妆色可略浓，但不宜太夸张另类，表现新娘端庄大方（图4.25）。

图4.23

图4.24

图4.25

三、晚宴妆容特点

视觉效果较强，引人注目。由于一般都在暖光源下进行，灯光多为柔和、朦胧，如果妆色清淡，会显得苍白无力，因此晚宴妆通常较浓、较夸张。商务型party，往往会被要求"盛装"或"正式晚装"出席，而且会伴有晚宴、自助酒会及舞会等节目，丰富而奢华。因此到场的嘉宾都将以最隆重的姿态出现，你当然也不能例外，不要害怕太过于隆重，只要是与你的身份气质相符的一切华美元素，都可在此时上演。晚间派对的灯光容易使面色显得苍白，因此淡妆素抹将被扫地出门，而闪光烁烁的妆容在这种场合特别奏效。

晚宴妆运用的眼影色彩丰富、对比较强，常用色彩有：深咖啡色、浅咖啡色、灰色、蓝灰色、蓝色、紫色、橙黄色、橙红色、夕阳红色、玫瑰红色、珊瑚红色、明黄色、鹅黄色、银白色、银色、粉白色、蓝白色、米白色、珠光色等。

四、晚宴妆的化妆要点

1. 底妆

强调面部立体结构，粉底要遮盖力强，与肤色相近，或者略深于肤色的粉底，在柔和的灯光下，使皮肤产生细腻的质感。阴影色和高光色的对比较强，可突出面部凹凸结构，可对面部结构作大幅度的修饰，但不能因过于追求矫正而失真。粉底不宜过厚，宴会中人与人接触距离较近，太厚会给人假面的感觉，边缘衔接要自然融合，起到调整脸型的作用，身体裸露部分要进行修饰，取得整体效果。

运用骨骼立体打底的手法及明暗的对比关系打造出脸部结构。底色用接近肤色的粉底统一，然后用比底色亮2～3度的高光色提亮内轮廓，用比底色暗1～2度的阴影色使外轮廓产生视觉收缩的效果，并与底色自然衔接，从而突出五官的立体感。

2. 妆型

眉毛、眼型、唇型可做适当矫正，主要依据脸型及服装、造型风格而定，风格较为多样化，但不能毫无根据的夸张，这样既无个性又没美感。眉形采用自然的弧度，用棕色眉粉加深眉色。在眉骨处用高光色提亮，使眼窝产生深陷的效果。而外眼角至眼窝处用深棕色眼影制造出眼睛的轮廓，而用高光色在整个眼部的其余位置大面积涂抹，但要有过渡的效果，然后再用棕黑色眼影在睫毛根部加深轮廓；鼻部在鼻梁根部扫出鼻影，强调出鼻部的坚挺；腮红用杏色腮红以三角形的运用轨迹从耳中部扫向颧部；唇部，唇角及唇轮廓用唇线笔勾画，然后用橙红色唇膏涂抹嘴唇，最后在整个唇部用唇彩制造光泽的效果，唇膏色应与化妆风格一致。

3. 妆色

要根据服装及人物特点，利用色彩的对比效果塑造不同风格的形象，可以加入珠光粉起到闪亮的装饰作用。在眼影上用同一色调的多种颜色层层晕染，先浅后深，颜色越深越靠近眼睑，时尚感浓厚的灰色烟熏无疑是近几年的主流，另外带了点金属光泽的质感，能让你的眼睛更有神。适合东方人眼形的画法是将眼影和眼线尽可能靠近双眼皮的眼折，再用棉花棒适度的晕开眼妆，就能创造媚感且晕染的迷人妆效。对于晚宴妆常用的烟熏妆画法，以往我们总认为，自然就是应该选用比较亚光、深沉的色彩。但是2011年DIOR和APPUES都推出了有珠光感的烟熏眼妆，选择多种优雅色彩叠加的方式，让整个眼部非常有质感，这款烟熏的变身，适合那些喜欢闪烁在镁光灯下，又仍然拥有气质的女子。在购买相应产品时，带有细颗粒珠光感的大地色系、蓝紫色系的眼影都会比较适合。

4. 发型

根据服装及妆型风格以及个人气质而定，并结合现今流行趋势打造。

5. 服装

一般为华丽的红色、金色、银色、紫色等颜色为主的晚礼服，款式依据个人体型及气质而定，可选择闪亮的面料以增强华丽的感觉。

6. 饰品

金属饰品、珍珠饰品为主。

Chapter 04

第二部分 实训篇

五、实训项目演示

晚宴妆前后效果对比（图4.26、图4.27）

图4.26 妆前　　　　　　　　　　　　　　　　　　　　　　　　　图4.27 妆后

第一步、底妆（图4.28）

第二步、提亮T区，加重阴影，增加立体感（图4.29）

图4.28　　　　　　　　　　　　　　　　　　　　　　　　　　　图4.29

第三步、贴美目贴（图4.30）
第四步、先上浅色眼影，从内眼睑往中间（图4.31）
第五步、再上深色眼影，加重眼尾（图4.32）
第六步、进行眼影色彩晕染（图4.33）

图4.30

图4.31

图4.32

图4.33

第七步、眼线（图4.34）
第八步、假睫毛（图4.35、图4.36）
第九步、眉毛（图4.37）

图4.34

图4.35

图4.36

图4.37

第十步、腮红（图4.38）
第十一步、唇彩（图4.39）

图4.38

图4.39

最终效果（图4.40）

图4.40

 **六、晚宴妆小秘诀**

① 灰与黑是时尚舞台上永不褪色、流行的经典颜色，因为简单，反而让人更专注在技巧变化上。很多冬妆，也利用了灰色和黑色来强化色彩。流行的灰与黑，都带点暖味的态度，以灰色来说掺有红光的咖啡灰，在视觉上让人感到温暖，也更适合东方人肤色，因此卖相较佳；另外，带有光泽感的黑（如钛黑、玛瑙黑等），则交织迷离的奢华感，能让烟熏妆更迷人。

② 晚宴妆的重点在于层次。色彩的重度和厚度要同时兼具；不仅颜色要够重（蓝色、紫色先避免），范围也要明显（上、下眼线眼尾连接处拉宽），才不会产生"人造黑眼圈"这种美丽的误会；若你是"嗜重妆"的夜店女王，不妨选择时下最流行的"咖啡灰"做晕染，彩妆的色素有重量比例，"咖啡灰"中的"灰"色素重，会被留在眼窝上，而"咖啡色"因为较轻、延展性佳，能随着推抹的动作晕到眼窝外围、制造层次，这也解释了为什么两种颜色能自然交融、又不会让妆感变脏。

③ 配合醉眼妆，底妆必须干净，且呈现完美、精致的肤触，过去容易让人感到厚重的粉感底妆，已不能满足需求，近几年秋冬的底妆讲究粉嫩、立体、明亮的3D妆效，强调"柔焦光"及"数字化肌肤"的产品，能制造出"摄影灯下的好肤质"，也是迷蒙眼妆的最佳拍档。

第四节　新娘妆

每个女孩子都会期待穿上洁白的婚纱和梦中的白马王子一起走进结婚殿堂，那是所有女孩都梦寐以求的浪漫幸福的时刻，那么作为化妆师应该怎样设计一款时尚的新娘妆呢？

一、新娘妆造型分类

1. 中式传统新娘

我国的民族传统婚礼中的新娘大多以红色礼服或旗袍出场，体现民族的古典美，化妆则选用红色，橙色等暖色系为主色调，与服装的颜色协调统一，充分表现喜庆的气氛（图4.41）。

首饰：黄金，玉器。

鞋：红色。

发型：盘发为主。

随着中国的国际化进程，化妆造型也向多元化、全球化发展，受西方的文化的影响，白色的婚纱、礼服，男士的西装也成为中国人的婚服，白色在西方象征着纯洁，寓意走进结婚礼堂的新娘是纯洁高贵的。

图4.41

2. 西式新娘

以白色的婚纱为主,风格多样化,有妩媚的、浪漫的、活泼可爱的、端庄大方的、优雅高贵的,等等(图4.42)。

首饰:白金 钻石,珍珠。

鞋:浅色,清透的淡色。

图4.42

二、现代新娘妆的特点

现代新娘妆清新、淡雅、真实、自然,突出喜庆甜美的气氛,妆型要求圆润温和,充分展示女性娇柔、婀娜的柔美感(图4.43)。

新娘的妆容,应该带着甜蜜而温暖的气息,整体走高亮度、低彩度的自然妆感,也就是妆色要淡,粉底要薄,保留新娘的个人特点,适当的美化。新娘妆不需要做大幅度的修饰,那么就更没必要把新娘打扮得面目全非的,现在很多人都非常追求时尚。很多化妆师都会被这个现在超大范围使用的流行词汇Fashion所迷惑,其实不管什么风格的造型设计都要根据TPO原则,把握好不同的尺度,盲目地追求时尚往往会给人不伦不类的感觉。

图4.43

Chapter 04

其实并不是追求怪异,而是大众广为模仿、流行的东西,那经典的未必不是时尚的,比如新娘造型中的赫本造型,即是经典的也是时尚的。

化妆师在设计新娘妆时,还应与顾客多沟通,了解顾客所期望的风格类型,把顾客的个人意愿充分地考虑进去。

三、新娘妆的整体要求

① 妆面的颜色要求与服饰的颜色相协调。

② 新娘妆的眼影尽量以简洁为主,不宜过于繁杂,色彩搭配应选择:

a.同色系,邻近色搭配

b.明度,纯度较高的颜色搭配。

③ 妆面的浓淡与季节、服装的款式、质地相协调。

a.春、夏(暖)选择简单、轻薄、大方得体的服装;妆色稍淡忌浓艳(质地:蕾丝、丝绸、绢纱、款式:抹胸、吊带等)。

b. 秋、冬(冷)选择厚、繁琐(略带),妆面稍微浓艳(甜美的气息)(质地:缎面,比较厚实的毛披肩等,款式:中袖设计等)。

④ 新娘妆不能过于浓艳,充分体现清新、高雅、温柔、大方的气质。

⑤ 妆面洁净,牢固性强。选用防水睫毛膏,眼线选择不容易晕妆的眼线笔、眼线液,眼线膏因其含油脂成分,所以较容易晕妆,粉底需要多拍压,使其更牢固。整体造型也要非常的牢固,因为有可能会拍外景,乘坐敞篷车。

四、新娘妆的操作程序

清洁:用洗面奶清洁皮肤。

爽肤:补充皮肤的水分,再次清洁。

眼霜:使用保湿效果佳的眼霜产品。

精华素:多捏按,拍压,尤其是干燥皮肤,要使用保湿效果好的精华素产品。

面霜:使用保湿面霜。

美目贴:按照新娘的眼型,适当修饰。

遮瑕:对于有瑕疵的部位,比如黑眼圈,斑点部位,着重用遮瑕膏遮盖瑕疵。

修颜:根据新娘的肤色选择适合的有保湿效果的修颜产品,提亮肤色,隔离彩妆。

粉底:选择贴近皮肤,较自然、轻薄的粉底产品,多使用拍、压的手法,底妆效果自然有光泽。

提亮:新娘妆中非常重要的一个步骤,使用带有珠光的提亮产品,使妆面光泽感强,干净立体。

定妆:可以使用带有珠光色的定妆产品,但是有暗疮的新娘要禁用,因为珠光色会凸显痘印和暗疮。

眼影:使用高亮度低彩度的色彩,自然的晕染。

眼线:使用防水效果较好的产品,涂在睫毛的根部。

睫毛膏:使用防水睫毛膏产品,可使用较自然的假睫毛。

眉型:要自然,立体。

唇形:不用突出唇形轮廓,要自然通透。

腮红:因为新娘的衣着环境、情绪等因素,所以会感觉比较热,面部会呈现自然的红晕,所以腮红要略浅淡。

检妆。

五、项目训练学生作品欣赏

见图4.44～图4.49。

图4.44

图4.45

图4.46

图4.47

Chapter 04

第二部分 实训篇

图 4.48

图 4.49

第五节 创意妆

一、创意妆的概念

创意妆指的是把许多外界元素加入到妆面上来达到更好的创意效果,来实现全新的化妆理念。要做到创意妆,是在化妆的基础上与新的时尚元素结合统一,充分体现化妆作品的创意特点。它突破了传统的思想理念,是时尚且反常规的,有独特的创意题材,给人一种与众不同的视觉冲击。

二、创意妆妆面的特点

① 在视觉上具有强烈冲击的色彩搭配,如艳丽的、狂野色彩,强对比色变化。

② 创意妆有的只突出局部,有的要求整体协调;妆面与服装的色彩、饰品色彩相协调(图4.50)。

③ 材料。可根据创作主题寻找一些独特质感的材料粘贴在眼部。如羽毛、水钻、亮片、花瓣、蕾丝等来突出眼部妆容(图4.51)。

④ 描画。以写实手法夸张变形眼线或眼影,在眼部施以重彩突出眼部神采。最经典的妆面是2006年Dior女装发布的妆容,高挑纤细的眉、夸张的眼部色彩和线条,高耸的发髻、华丽的服饰。

图4.50

图4.51

⑤ 腮红与口红。一般情况下腮红和口红不会作为妆面的重点进行设计，所以不宜夸张。腮红要自然柔和，与肤色自然衔接，口红也要与妆面色调协调，并要根据妆面质感进行选择。如画金属妆，腮红和口红的选择都要贴近主色调，带有金属质感。两者都可根据妆面需要减淡或省略。如果主题是腮红或口红，那么在设计中要减淡或忽略其他部位以突出腮红和口红的设计

为主。如口红广告的妆面，要以唇部妆容为主，表现唇部的色泽艳丽、娇嫩、性感、完美唇型等，脸上其他部位妆容忽略或减淡，使唇妆效果突出，主次分明。

⑥ 发型与服饰。虽然时尚创意妆是以妆面为主，但发型与服饰可以起到更好的衬托妆容的目的，有非常重要的作用。利用服饰、多变的时尚发型，营造符合主题的氛围，能更好地表达主题思想（图4.52）。

图4.52

Chapter 04

第六节　综合考核训练

注 意 事 项

一、请根据考核要求，完成考试内容

试题一　皮肤清洁

（1）本题分值：20分
（2）考核时间：10分钟
（3）考核形式：实操
（4）具体考核要求：
- 严格遵守操作规程及卫生消毒制度。
- 正确使用护肤品对皮肤进行护理。
- 操作过程中手法轻柔、准确熟练。
- 考生在规定时间内完成面部皮肤护理程序。

否定项说明：若考生发生下列情况之一，则应及时终止其考试，考生试题成绩记为零分。
- 在规定时间内未完成操作的。
- 因化妆品选用不当，操作方式不对造成顾客皮肤不适，出现皮肤红肿的。

试题二　整体造型

（1）本题分值：60分
（2）考核时间：60分钟
（3）考核形式：实操
（4）具体考核要求：
- 化妆打底在考核时间内完成。
- 化妆粉底符合整体造型的特点，与主题相呼应。
- 眉型符合整体造型修饰。
- 眼部的修饰自然，呈现整体造型的特点。
- 唇型符合整体造型妆容特点。
- 面部妆容突出主题，符合整体造型特点。

否定项说明：若考生发生下列情况之一，则应及时终止其考试，考生试题成绩记为零分。
- 该考生不是自己完成的整个操作过程。
- 在规定时间内未将操作完成。
- 带面部纹绣的模特视为违规操作。

试题三　整体效果

（1）本题分值：20分
（2）考核时间：20分钟
（3）考核形式：实际操作
（4）具体考核要求：
- 整体妆面完成后，根据模特的实际情况进行简单的发型整理，使模特的整体形象符合造型特点。

- 整体造型适合任何人群，但一定要表现出整体造型妆面妆容特点，突出主题。

否定项说明：若考生发生下列情况之一，则应及时终止其考试，考生试题成绩记为零分。
- 该考生不是自己完成的整个操作过程。
- 在规定时间内未将操作完成。
- 模特的衣着、发型过于夸张与怪异。

二、需准备物品

需准备物品（一）

序号	名称	规格	单位	数量	备注
1	棉片		盒	1	
2	纸巾		包	1	
3	棉棒		包	1	
4	酒精		瓶	1	
5	小碗		个	1	
6	卸妆液		支	1	
7	洗面奶		支	1	
8	爽肤水		支	1	
9	眼霜		支	1	
10	面霜		支	1	

需准备物品（二）

序号	名称	规格	单位	数量	备注
1	修眉刀或眉钳		把	1	
2	深浅不同的粉底霜		个	3	
3	散粉		个	1	
4	眼影		盒	1	
5	胭脂		盒	1	
6	口红		盒	1	
7	唇线笔		支	1	
8	眉粉		盒	1	
9	眉笔		支	1	
10	睫毛膏		对	1	
11	睫毛夹		个	1	
12	美目贴		个	1	
13	全套化妆笔刷		套	1	
14	粉底海绵		个	2	
15	粉扑		个	1	
16	棉签		盒	1	
17	棉片		盒	1	
18	纸巾		盒	1	
19	假睫毛		对	1	

需准备物品（三）

序号	名称	规格	单位	数量	备注
1	梳子	把		1	
2	发胶或啫喱膏	瓶		1	
3	皮筋	包		1	
4	发卡	盒		1	
5	头饰	盒		1	

考生自请化妆模特一个，服装、饰物自备。

三、考核标准

评分标准

试题一　皮肤清洁

序号	考核内容	考核要点	配分	评分标准	扣分	得分
1	护肤前的准备	用具、用品的码放规范	2	皮肤清洁不彻底、不干净扣2分		
2	卫生消毒	（1）器皿用具消毒、取护肤品规范、卫生	3	（1）器皿用具未消毒、取护肤品不规范、不卫生扣2分		
		（2）化妆师双手清洁消毒		（2）化妆师双手未清洁消毒扣1分		
3	卸妆与清洁	（1）卸妆的操作程序与方法正确	12	（1）卸妆的操作程序与方法不正确扣2分		
		（2）卸妆彻底		（2）卸妆不彻底扣2分		
		（3）洁面操作手法正确		（3）洁面操作手法不正确扣2分		
		（4）洁面程序正确		（4）洁面程序不正确扣2分		
		（5）纸巾、棉片的使用方法正确		（5）纸巾、棉片的使用方法不正确扣2分		
		（6）清洁彻底		（6）清洁彻底扣2分		
4	爽肤	涂爽肤水的操作手法正确	1	操作手法不正确扣2分		
5	眼霜	涂抹眼霜手法正确、轻柔	1	涂抹眼霜手法不正确扣1分		
6	面霜	涂抹面霜手法正确、轻柔	1	涂抹面霜手法不正确扣1分		
合计			20			

否定项：若考生发生下列情况之一，则应及时终止其考试，考生试题成绩记为零分。
· 在规定时间内未完成操作的
· 因化妆品选用不当，操作方式不对造成顾客皮肤不适，出现皮肤红肿的。

试题二　整体造型

序号	考核内容	考核要点	配分	评分标准	扣分	得分
1	分析五官与脸型	准确分析五官与脸型	2	分析五官与脸型不准确扣2分		
2	修眉	眉型修正适合脸型特点	5	眉型修整不适合脸型特点扣5分		
3	底妆	（1）操作手法正确 （2）涂抹均匀，厚薄适中 （3）底妆与肤色协调 （4）底妆润泽、自然，体现皮肤健康的感觉	10	（1）操作手法不正确扣2分 （2）涂抹不均匀，厚薄不适中扣3分 （3）底妆与肤色不协调扣3分 （4）底妆不润泽、不自然，不能体现出皮肤健康自然的感觉扣2分		
4	定妆	（1）施粉均匀，厚薄适中 （2）定妆粉颜色与肤色协调	3	（1）施粉不均匀，厚薄不适中扣2分 （2）定妆粉颜色与肤色不协调扣1分		
5	画眉	（1）眉型符合整体造型眉形特点 （2）眉色与肤色、发色、妆色协调 （3）浓淡适宜，左右对称，无生硬感	10	（1）眉型不符合整体造型眉形特点扣4分 （2）眉色与肤色、发色、妆色不协调扣2分 （3）画眉过于浓重，左右不对称，有生硬感扣4分		
6	眼影与眼线	（1）眼影晕染，与整体造型协调 （2）眼影晕染过渡自然、细腻，增加眼部神采 （3）眼线眼影符合整体造型特点	15	（1）眼影晕染，与整体造型不协调扣4分 （2）眼影晕染过渡不自然、不细腻，未增加眼部神采扣4分 （3）眼线眼影不符合整体造型特点扣7分		
7	睫毛修饰	（1）睫毛修饰符合整体造型特点 （2）睫毛膏涂刷均匀	5	（1）睫毛修饰不符合整体造型扣2分 （2）睫毛膏涂刷不均匀扣3分		
8	涂腮红	（1）能较好地表现健康状况，效果自然 （2）腮红与肤色、妆色协调	5	（1）腮红描画效果不自然扣3分 （2）腮红与肤色、妆色不协调扣2分		
9	涂唇膏	（1）唇型符合整体造型 （2）唇型左右对称 （3）唇色与肤色、妆色、服装色协调	5	（1）唇型不符合整体造型扣1分 （2）唇型左右对称扣2分 （3）唇色与肤色、妆色、服装色不协调，扣2分		
	合计		60			

否定项：若考生发生下列情况之一，则应及时终止其考试，考生试题成绩记为零分。
· 该考生不是自己完成的整个操作过程。
· 在规定时间内未将操作完成。
· 带面部纹绣的模特视为违规操作。

试题三　整体效果

序号	考核内容	考核要点	配分	评分标准	扣分	得分
1	整体效果	（1）切合主题，整体效果统一协调 （2）造型洁净，体现整体造型风格	10	（1）不切合主题，整体效果不统一协调扣5分 （2）造型不洁净，未体现整体造型风格扣5分		
2	仪态仪表	（1）仪表整洁，举止文雅，端庄大方 （2）动作规范，符合个人卫生要求	10	（1）仪表不整洁，举止不文雅扣3分 （2）动作不规范，不符合个人卫生要求扣2分		
合计			20			

否定项：若考生发生下列情况之一，则应及时终止其考试，考生试题成绩记为零分。
· 该考生不是自己完成的整个操作过程。
· 在规定时间内未将操作完成。
· 模特的衣着、发型过于夸张与怪异。

第三部分
欣赏篇

中国化妆设计作品

第三部分　欣赏篇

第三部分 欣赏篇

韩国化妆设计作品

第三部分 欣赏篇

欧美化妆设计作品

第三部分　欣赏篇

参考文献

[1] 唐玉冰主编. 化妆造型设计. 北京：化学工业出版社，2010.

[2] 吴帆主编. 化妆设计. 上海：上海交通大学出版社，2006.

[3] 君君主编. 创意化妆造型设计. 北京：中国轻工业出版社，2010.

[4] 周生力主编. 形象设计概论. 北京：化学工业出版社，2008.